生物学史ひらめき図鑑

生命の謎に挑む科学者たち50のイノベーション

水野壮［監修］

ナツメ社

はじめに

PCR法、iPS細胞、再生医療、万能細胞、ゲノム編集……、これらの専門用語が、新聞やメディアでも日常的に取り上げられるようになりました。生物学は、けっして一部の専門家だけのものではなく、わたしたちの生活や生命を支える重要な存在です。そして、技術は、数百年にわたる偉大な生物学者たちのひらめきと発見の積み重ねにより築かれたものです。

本書では、計58名の偉大な生物学者たち（一部、過ちを犯してしまった生物学者も含んでいます）と、その業績を図やイラストを用いてわかりやすく紹介していきます。ページをめくっていくと、彼らのひらめきや探究心、あるいは予想外の偶然によってもたらされた発見の数々にワクワクすることでしょう。それらは、今日のわたしたちの生活を支える礎となっていることも、実感していただけるのではないかと思います。

さらにもうひとつ、本書には大きな特徴があります。今回取り上げた58名の生物学者を、「組み合わせる」「視点を変える」「偶然をものにする」「突きつめる」という４つのカテゴリー（パート）に分けている点です。

この４つのアプローチのいずれかで、偉大な生物学者たちが、自分自身の「HiraMeki」をどのように活用して困難を克服し、発見を手にしたかがわかるようなページ構成になっています。

また、各科学者の記事の最後には「ビジネスへのヒント」も添えています。彼らの物事の考え方や捉え方を知ることは、わたしたちのビジネスへの新しい視点や発想を提供してくれるでしょう。

どこからでも読み進められるよう工夫していますので、気になる章や科学者のエピソードから自由にお楽しみください。本書を通じて、生物学が少しでも身近に、かつ「役に立つ」と感じていただけることを願っています。それでは、いっしょに生物学の世界を旅してみましょう。新しい視点と発見が、みなさんを待っています。

監修・執筆 **水野 壮**

もくじ

Part 3 偶然をものにする！

Part 4 突きつめる！

本書の楽しみ方

本書は4章立てで、古代から現代に至る58名の生物学者を紹介しています。人物ごとに、歴史的な発見に至るまでの努力や苦悩、発見や発明につながった「HiraMeki（ひらめき）」、その後の世界に与えた影響などを、イラストを交えてわかりやすく解説し、現代のビジネスパーソンにも役立つ考え方や視点を紹介しています。

見出し

生物学者の「HiraMeki」のエッセンスが凝縮されています。

この節のテーマ

生物学の何のジャンルの研究か示しています。

イラスト解説

HiraMeki 以前の人物の状況や考えを、イラストを用いて解説しています。

組み合わせる！　＼今回のテーマ／ 医学

いろんなものを使ってみる

医化学・毒性学の父（1538 年）

パラケルスス（1493 ～ 1541 年）

スイス出身の医師、化学者。医師である父の影響を受け医学を学ぶ。しかし、古い教義のみの学びより実践的な医学を求め、ヨーロッパ各地を放浪しながら医師として経験を積む。1526 年にスイスのバーゼルで開業医、大学教員となるが、型破りな講義を行い大学から追放される。再び各地を転々としながら医学、錬金術、占星術、哲学などを応用した独自の理論を展開していった。

Before HiraMeki 前！ **ガレノス医学の呪縛**

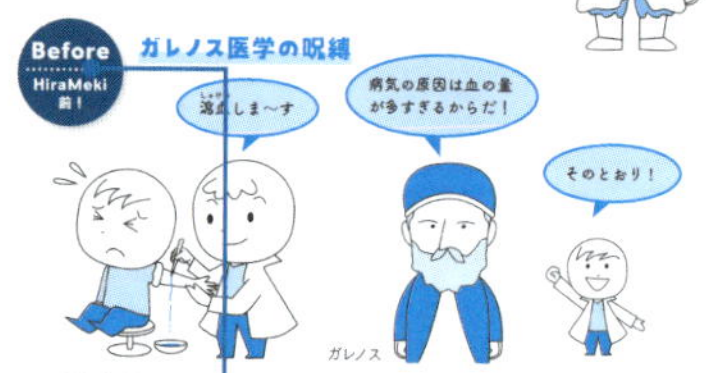

16 世紀初頭のヨーロッパでは、2 世紀から続くガレノスが提唱した医学が強く支持されていました。そのひとつが「体内には4つの体液があり、そのバランスが崩れると病気になる」というもの。どんな症状に対しても、汚れた体液を排出するというのが治療の基本で、下剤の服用や「瀉血（しゃけつ）」という腕に傷をつけて、わざと血液を抜く行為が行われていました。しかし、体力を消耗させたり感染症を引き起こしたりと、かえって症状が悪化することも多かったのです。

16

パラケルススはこれに反対し「病気には原因となる特定の臓器があり、それぞれに効く治療法や薬がある」と主張しました。そして錬金術師でもあったパラケルススは、「自然のものをよく理解し、そこから必要なものを取り出し、病気に合わせた薬をつくり出すことが自分の使命である」と考えました。

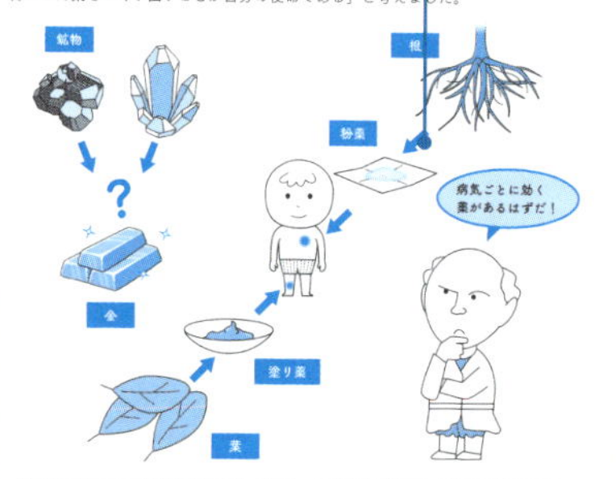

錬金術ではより高価な金属をつくるため、さまざまな鉱物から特定の物質を抽出あるいは分離し、それを合成する手法が多く開発されていました。パラケルススはこれを医学にも応用し、植物の葉や根から成分を抽出し、症状や患部に合わせて薬をつくり出していきました。しかし、それだけでは治らない病気もあることに気づいたのです。

植物からつくられる薬だけでは、力が足りないかも……

それなら！

17

Before | HiraMeki 前！

HiraMeki 以前の社会状況や生物学者の試行錯誤、苦悩の様子などを紹介しています。

プロフィール

解説する生物学者のプロフィールと似顔絵を紹介しています。

HiraMeki の予感

HiraMeki につながった考えや視点を紹介しています。

生物学の基礎知識や、生物学者たちの HiraMeki から得られるヒントをビジネスに生かそう！

HiraMeki の時！

HiraMeki の内容を生物学者のセリフとイラストで紹介しています。

イラスト解説

HiraMeki 後の状況を、イラストを用いて解説していきます。

熱心な占星術師でもあったパラケルススは、人体は宇宙や地球ともつながりがあると考え、金属や無機物も薬として使用し始めました。もちろん、多くの人々は「そんなものは人体に毒だ！」と大反対。しかし、彼は「すべてのものは毒であり、毒ではないものは存在しない。それが毒であるかどうかは投与量によって決まるのだ」と主張。金や鉛、ヒ素、銅などの金属も薬として取り入れていったのです。

18

組み合わせる！ No. 1

当時、鉱山で働く人々は特有の疾病に悩まされていました。原因は金属や無機物とされ、それらは有害なものだと考えられていました。それでもパラケルススは、金属を含めたさまざまな材料を調合して新しい薬をつくり出し、やがて人々の間で大評判となりました。なかには水銀やアンチモンなど、その危険性から現在では使用を厳しく制限される物質も含まれ、実際には誤った治療法だったものもあります。しかし医学に初めて化学の知識を取り入れ、毒物と人体の関係を説いた功績から、のちに「医化学・毒性学の父」と呼ばれるようになりました。

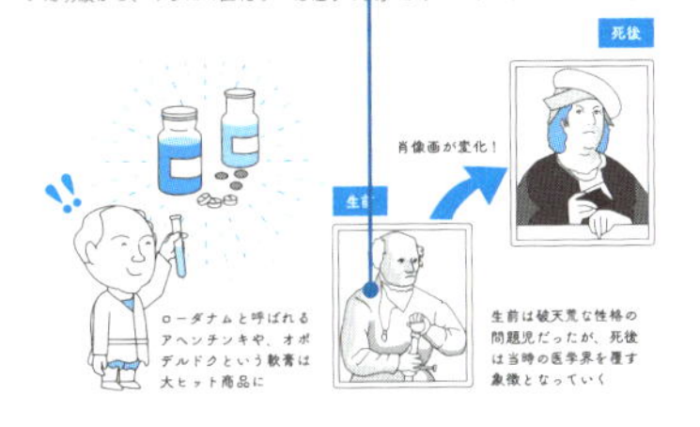

死後
肖像画が変化！
生前
ローダナムと呼ばれるアヘンチンキや、オポデルドクという軟膏は大ヒット商品に
生前は破天荒な性格の問題児だったが、死後は当時の医学界を覆す象徴となっていく

After HiraMeki 後！

パラケルススは過激な発言や行動が多い人物でした。しかし、死後はパラケルスス主義という流派が登場し、残された手稿から多くの本が出版され、肖像画も崇高な雰囲気で描かれるようになります。パラケルスス主義は、革新的な医学として旧来のガレノス医学と対立。これはカトリックとプロテスタントの宗教改革とも時期を同じくし、ヨーロッパ全体での宗教観や医学を大きく変えていきました。

ビジネスで HiraMeki!

医師だけでなく、錬金術師や占星術師などのさまざまな肩書をもっていたパラケルスス。あらゆる側面から世の中を理解していくことで、従来の考えや常識を覆していこう！

19

After | HiraMeki 後！

発見や発明によって、その後の世界がどのように変わったかを紹介しています。

ビジネスで HiraMeki!

現代のビジネスパーソンにも役立つ、考え方や視点について解説しています。

\Part/

組み合わせる!

どんなに志が高くても、個人の力や発想には限界がある。本章では専門分野が異なる相手と協力したり、さまざまなアイデアや技術を柔軟に取り入れたりすることで、転換期を迎えた計 13 名の生物学者を紹介する。思わぬ組み合わせが化学反応を生むかもしれない！

組み合わせる！　＼今回のテーマ／ 医学

いろんなものを使ってみる

医化学・毒性学の父（1538年）

パラケルスス（1493～1541年）

スイス出身の医師、化学者。医師である父の影響を受け医学を学ぶ。しかし、古い教義のみの学びより実践的な医学を求め、ヨーロッパ各地を放浪しながら医師として経験を積む。1526年にスイスのバーゼルで開業医、大学教員となるが、型破りな講義を行い大学から追放される。再び各地を転々としながら医学、錬金術、占星術、哲学などを応用した独自の理論を展開していった。

Before HiraMeki前！

ガレノス医学の呪縛

16世紀初頭のヨーロッパでは、2世紀から続くガレノスが提唱した医学が強く支持されていました。そのひとつが「体内には4つの体液があり、そのバランスが崩れると病気になる」というもの。どんな症状に対しても、汚れた体液を排出するというのが治療の基本で、下剤の服用や「瀉血(しゃけつ)」という腕に傷をつけて、わざと血液を抜く行為が行われていました。しかし、体力を消耗させたり感染症を引き起こしたりと、かえって症状が悪化することも多かったのです。

パラケルススはこれに反対し「病気には原因となる特定の臓器があり、それぞれに効く治療法や薬がある」と主張しました。そして錬金術師でもあったパラケルススは、「自然のものをよく理解し、そこから必要なものを取り出し、病気に合わせた薬をつくり出すことが自分の使命である」と考えました。

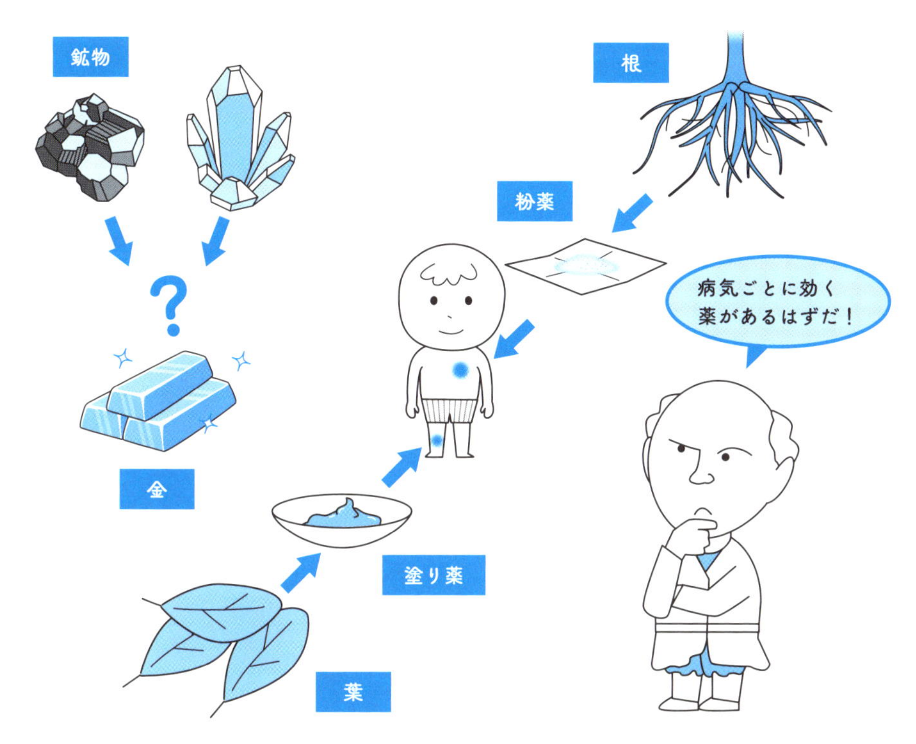

錬金術ではより高価な金属をつくるため、さまざまな鉱物から特定の物質を抽出あるいは分離し、それを合成する手法が多く開発されていました。パラケルススはこれを医学にも応用し、植物の葉や根から成分を抽出し、症状や患部に合わせて薬をつくり出していきました。しかし、それだけでは治らない病気もあることに気づいたのです。

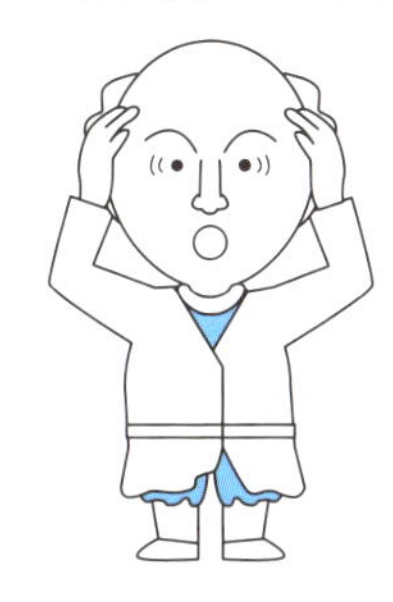

植物からつくられる薬だけでは、力が足りないかも……

それなら！

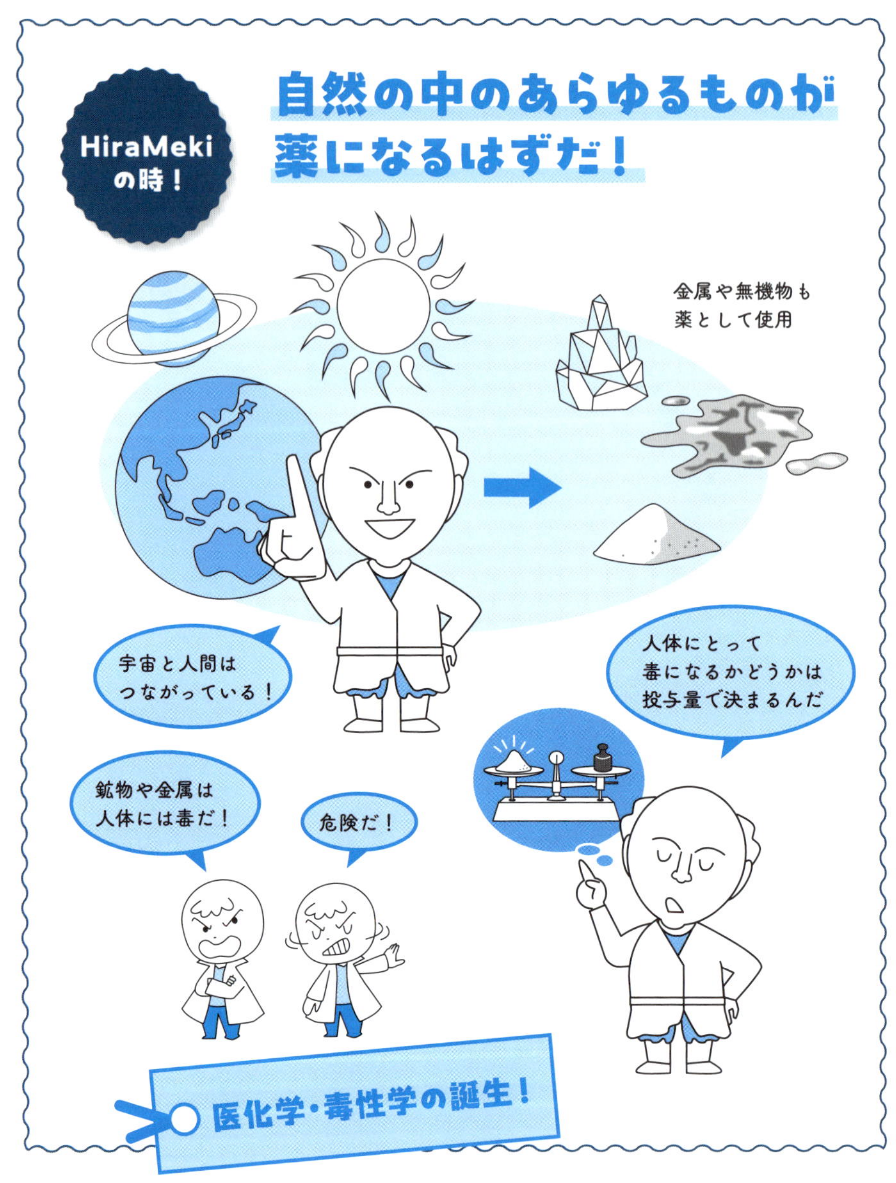

熱心な占星術師でもあったパラケルススは、人体は宇宙や地球ともつながりがあると考え、金属や無機物も薬として使用し始めました。もちろん、多くの人々は「そんなものは人体に毒だ！」と大反対。しかし、彼は「すべてのものは毒であり、毒ではないものは存在しない。それが毒であるかどうかは投与量によって決まるのだ」と主張。金や鉛、ヒ素、銅などの金属も薬として取り入れていったのです。

当時、鉱山で働く人々は特有の疾病に悩まされていました。原因は金属や無機物とされ、それらは有害なものだと考えられていました。それでもパラケルススは、金属を含めたさまざまな材料を調合して新しい薬をつくり出し、やがて人々の間で大評判となりました。なかには水銀やアンチモンなど、その危険性から現在では使用を厳しく制限される物質も含まれ、実際には誤った治療法だったものもあります。しかし医学に初めて化学の知識を取り入れ、毒物と人体の関係を説いた功績から、のちに「医化学・毒性学の父」と呼ばれるようになりました。

ローダナムと呼ばれるアヘンチンキや、オポデルドクという軟膏は大ヒット商品に

死後

肖像画が変化！

生前

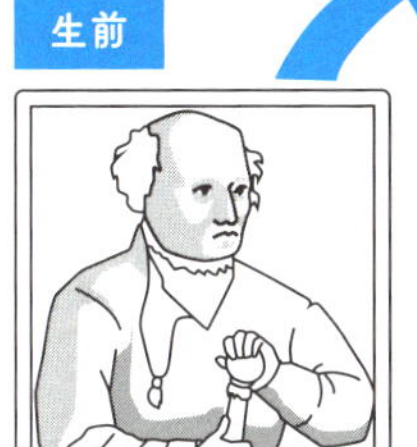

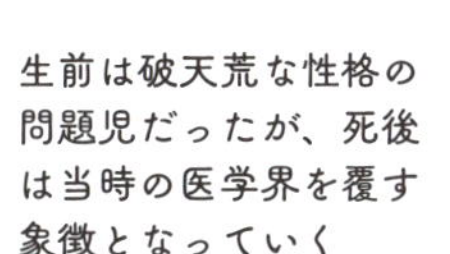

生前は破天荒な性格の問題児だったが、死後は当時の医学界を覆す象徴となっていく

After HiraMeki 後！

パラケルススは過激な発言や行動が多い人物でした。しかし、死後はパラケルスス主義という流派が登場し、残された手稿から多くの本が出版され、肖像画も崇高な雰囲気で描かれるようになります。パラケルスス主義は、革新的な医学として旧来のガレノス医学と対立。これはカトリックとプロテスタントの宗教改革とも時期を同じくし、ヨーロッパ全体での宗教観や医学を大きく変えていきました。

ビジネスで HiraMeki!

医師だけでなく、錬金術師や占星術師などのさまざまな肩書をもっていたパラケルスス。あらゆる側面から世の中を理解していくことで、従来の考えや常識を覆していこう！

組み合わせる！　＼今回のテーマ／ 植物学

ちゃんと量って比べてみる

柳の実験（1648年）、ガスの命名（1648年）

ヤン・ファン・ヘルモント（1579～1644年）

ベルギーの医師、生理学者、錬金術師。ブリュッセルの貴族の家に生まれ、大学で哲学、神学、医学を学ぶ。1609年にビルボールデの領主の娘と結婚し、化学や錬金術など幅広い研究に没頭する生活を送るが、イエズス会によって異端審問にかけられ有罪に。書物は没収され、自宅軟禁生活を強いられた。死から2年後に書籍の発行が許可され、ヘルモントの息子が遺稿をまとめて出版した。

Before HiraMeki前！

1000年以上も考えが変わっていない？当時の医学界

ガレノス

16世紀後半以降、ヨーロッパでは「科学革命」が起きていました。実験や観察によって自然現象の解明が進められ、ニコラウス・コペルニクスやアイザック・ニュートン、ガリレオ・ガリレイらが次々と新しい科学の法則を導き出していたのです。それに対し、医学の世界では、いまだに2世紀頃のローマ帝国時代に活躍した医師ガレノスが提唱していた医学が主流でした。ヘルモントは、そんな古い考えの本だけに頼る教育方針にすっかり嫌気がさしてしまいます。

そこでヨーロッパ放浪を始めましたが、途中で疥癬（ダニによる感染症）にかかり、当地の医師の診察を受けます。ところがガレノス医学流の瀉血をされ、逆に体調が悪化してしまいました。しかし、別のヤミ医者が硫黄を含んだ軟膏を処方し、それを塗ったところ非常によく効いたのです。

この経験から、ヘルモントは医学に役立つものとして錬金術に没頭していきます。また、医化学・毒性学の父とも呼ばれるパラケルスス（P16）医学の研究も始めました。そして自然界を理解するための新たな知識は、従来の思想や宗教観とは決別し、実際に実験をして得られた結果からのみ得られると考えたのです。

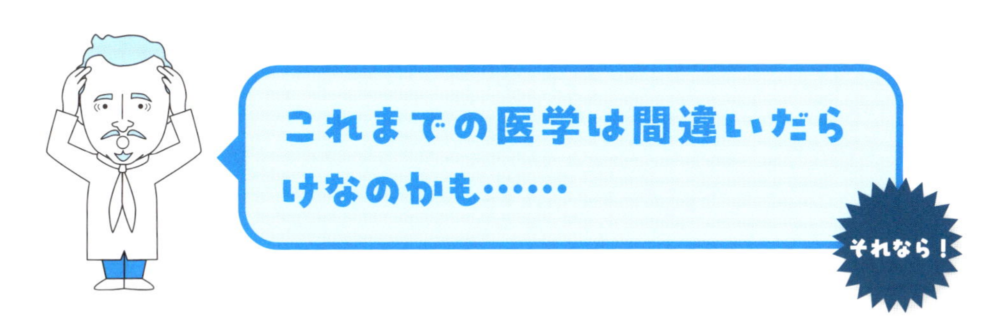

ヘルモントは医師を早期退職し、さまざまな実験を行います。なかでも有名なのが、初めてはかりを使った研究ともいわれている「柳の実験」です。数値を計測して比較するのは今では当たり前のことですが、当時は画期的なことでした。ほかにも質量保存の法則、酸とアルカリの性質など、のちの研究者が再検証して新たな発見となった実験を数多く残しています。また空気とは違う性質の「気体」があることに気づき、カオスという言葉から「ガス」と命名しました。

いっぽうで「壺に汚れたシャツと麦を入れて置いたら、ネズミが生まれた」という自然発生説を支持する実験（P54）や、「剣による傷は、剣に薬を塗れば治る」という武器軟膏説、「賢者の石」を信じるなど、神秘主義にも傾倒していました。ヘルモントは熱心なキリスト教徒でしたが、当時の教会が教えていた医学や自然科学の考え方と異なる主張も多くしたため、異端審議にかけられ有罪になってしまいます。地位が高かったので死刑は免れたものの、文書は没収、出版は禁止され、自宅軟禁生活となりました。ヘルモントの研究の多くは、彼の死後２年経ってから、息子が遺稿を集めて出版した本で紹介されました。

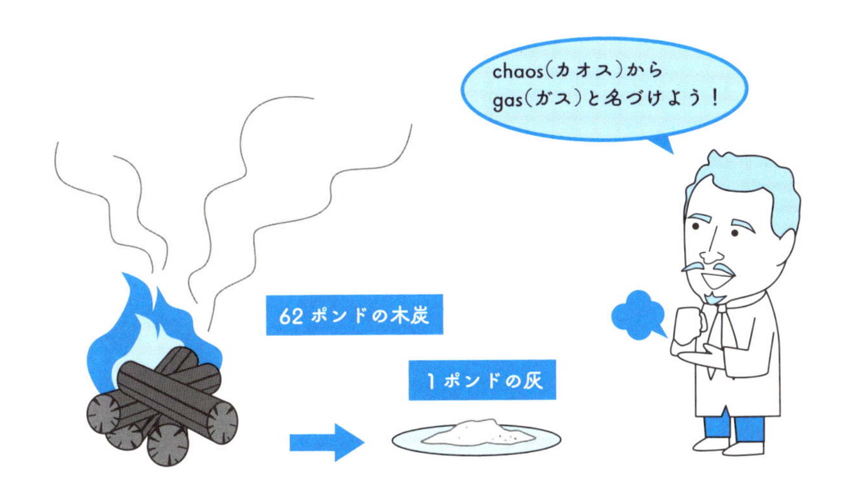

After HiraMeki後！

ヘルモントの考え方は、パラケルスス医学から宗教色を取り除いた、より自然主義なものであり、宗教改革の時代の波もあってヨーロッパで新たな支持を集めていきました。ヘルモントが残した研究成果は、現代の視点で見ると荒唐無稽なものも多くあります。しかし、生物、医学、化学の分野で数多くの挑戦を行った彼の功績は、科学と錬金術がまだ混沌としていた過渡期の資料として受け継がれています。

ビジネスでHiraMeki!

既成概念を壊して、新しい考えを根づかせる勇気やきっかけを大事にしていこう！

組み合わせる！　＼今回のテーマ／ 進化生物学

ちょっとの違いを見逃さない

古生物の復元と発見（1811年）

ジョルジュ・キュビエ（1769～1832年）

フランスの解剖学者。ベルテンベルク公国に生まれ、12歳から博物学のコレクションを始める。パリの中央学校などの教授を務めるかたわら、ナポレオンの命により、1808年からフランスの教育制度の再建を担う。現生動物と化石を比較・研究することで絶滅動物を復元し、古生物学の礎を築いた。

Before HiraMeki 前！

化石は宇宙からやってくる神秘の力でつくられる？

ヨーロッパでも化石の存在は古くから知られていましたが、その起源についてはさまざまな考え方がありました。たとえば、地中に存在する形成力によって化石がつくり出されたという説や、星や宇宙からくる神秘の力が作用して化石が生まれたといったものです。いっぽうでレオナルド・ダ・ヴィンチ（1452～1519年）などにより、化石は生物に起源をもつと述べられてもいましたが、その考え方は、キュビエの生きた時代には確固たるものではありませんでした。

博物学に興味があったキュビエは、学校で同好会をつくり、カール・フォン・リンネ（P58）の『自然の体系』を手に身の回りの動植物を観察し、分類し続けました。ノルマンディーで貴族の家庭教師をしていた彼は、人生で初めて海を見ます。そこで多くの海岸生物を写生、解剖、分類して論文を発表したのです。そうするうちに、これらの生物が、この地方の地中から得られる化石とよく似ていることに気づきました。

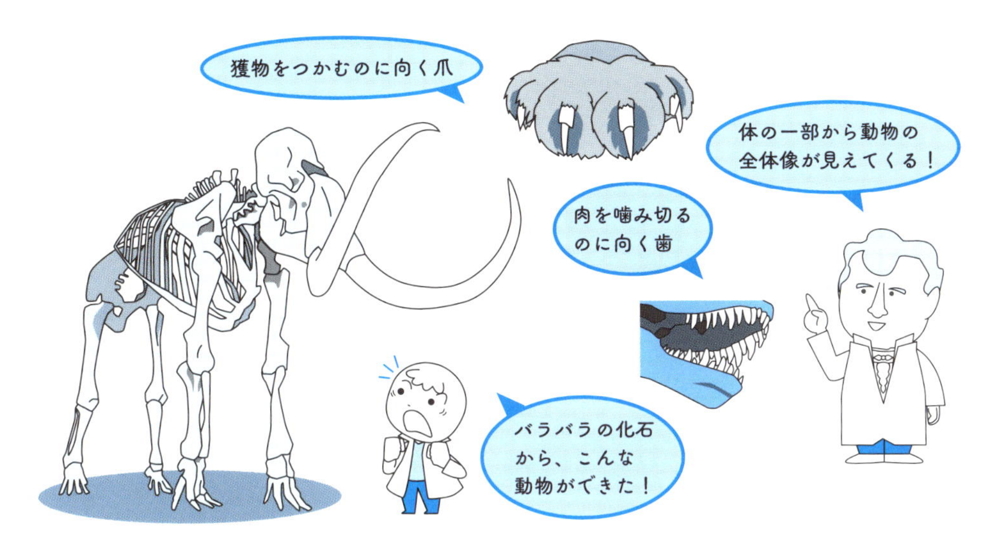

パリに拠点を移したキュビエは、アレクサンドル・ブロニアールと共同で、化石が豊富なパリ盆地の地層を調査します。一般的に、化石は完全な形では発見されないため、種類の決定は容易ではありません。しかしキュビエは、さまざまな動物の体を解剖してきた経験から、一部分がわかれば、全体像が推測できることを理解していました。その知識をもとに、脊椎動物の化石と現生生物を比較すると、両者には似ている点も、異なる点もあることを発見したのです。

化石と現生生物、似ているけど、
よく見ると違っている。
どういうこと……

つまり !!

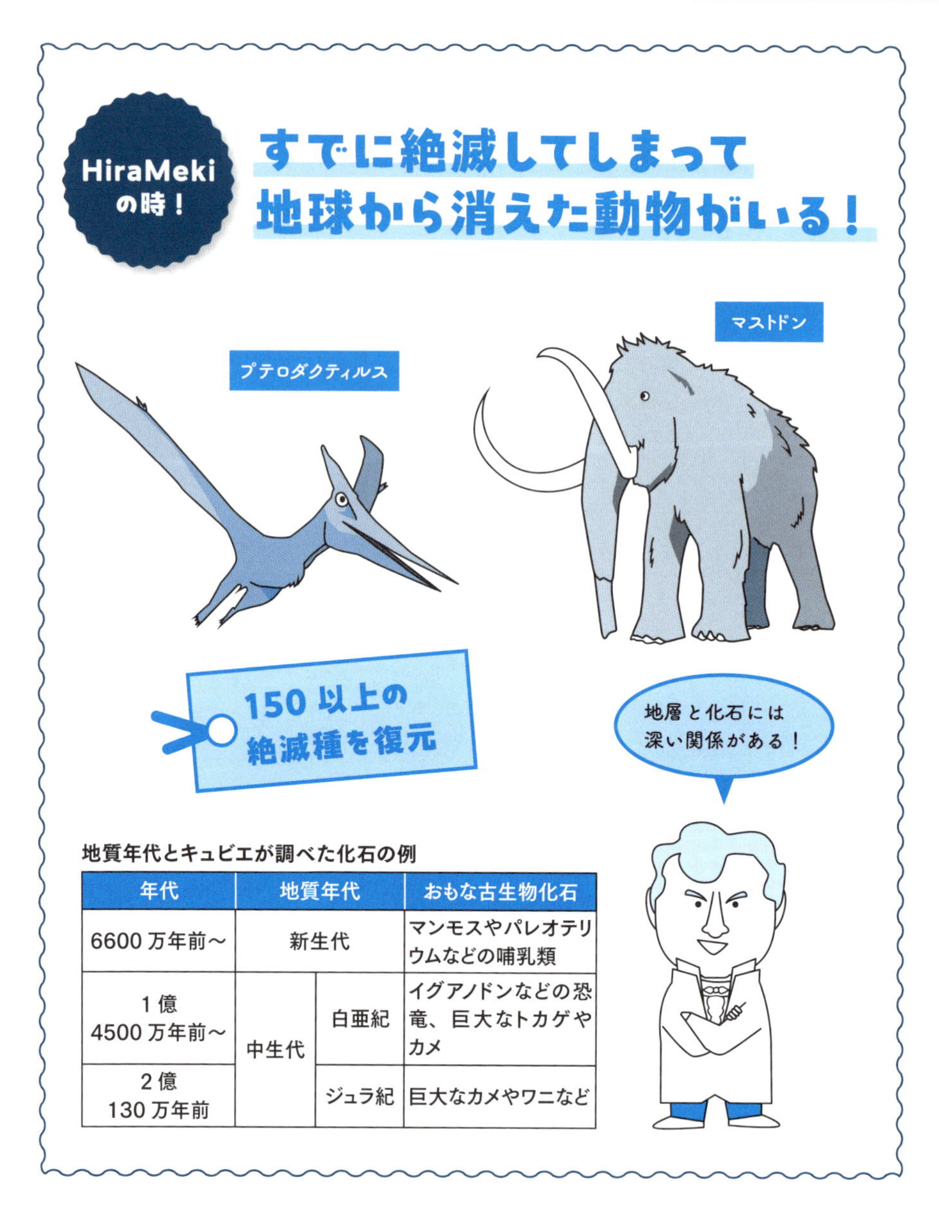

地質年代とキュビエが調べた化石の例

年代	地質年代		おもな古生物化石
6600万年前〜	新生代		マンモスやパレオテリウムなどの哺乳類
1億4500万年前〜	中生代	白亜紀	イグアノドンなどの恐竜、巨大なトカゲやカメ
2億130万年前		ジュラ紀	巨大なカメやワニなど

キュビエは多くの動物の断片的な化石骨から巨大な獣を再現し、世間の人を驚かせました。そして彼は、化石から復元した動物は当時すでに存在しない、絶滅種であると確信します。彼が復元した動物には、絶滅したゾウの仲間のマストドンや、ジュラ紀の翼竜プテロダクティルスなどがあります。これらの成果を、彼は1811年に『化石骨の研究』として発表しました。

さらにキュビエは、それぞれの地層に出土する特徴的な化石にも気づきました。たとえば、白亜紀の地層には巨大なトカゲやカメ類の化石が、その下のジュラ紀の地層にはカメやワニ類の化石が含まれること、いっぽうで白亜紀以前の地層には陸生の哺乳動物の化石は含まれていないといったことです。なお、この発見は、のちにイギリスのウィリアム・スミスによって、化石をもとに地層の年代を同定できるという「地層同定の法則」として発表されています。

After HiraMeki後！

キュビエは反進化論者で、地層ごとに化石の種類が異なる理由を、神学思想と結びつけた天変地異説で説明しようとしました。それは「ノアの洪水」のような激変によって生物が絶滅し、そのたびに新しい生物が生まれたという考えです。いっぽう、地層でバラバラに発見される化石の相関を調べ、組み立てて復元するキュビエの手法は、今や古生物学のスタンダードとなっています。

ビジネスで HiraMeki!

化石と現生生物骨格との違いに気づき、古生物の存在を明らかにしたキュビエ。知識を得たり、経験を積み重ねると見えてくる、ちょっとした違いや違和感を拾ってみよう！

組み合わせる！　＼今回のテーマ／ 進化生物学

反論を考えぬき証拠を集める

進化論の提唱（1859 年）

チャールズ・ダーウィン（1809 ～ 1882 年）

イギリスの博物学者。幼い頃から自然に興味があり、収集や観察をしていた。親の勧めで医学部や神学の大学で勉強をするが、地学者や植物学者と知り合い博物学に興味をもち、転向。1831 年、イギリス海軍の測量船ビーグル号で航海に出た。５年間の日誌と、膨大な資料とともにイギリスに帰国し、1859 年『種の起源』を発刊。1882 年、家族に看取られ亡くなるまで、大量の研究と発表をした。

Before HiraMeki 前！

生物は神が創造したものである！

イングリッシュ・グレイハウンド

ブラッド・ハウンド

イングリッシュ・ブルドッグ

1800 年代には聖書が広く浸透し、神が世界や生物などあらゆるものをつくりだし、それが保たれていると考えられていました。イヌやヒト、植物もそれぞれが固有の種であり、そのなかの品種までも神が創造したと考えられていたのです。当時、イギリス海軍は測量船を世界中に出し、海岸線の地図をつくっていました。同時に、さまざまな生物の標本をもち帰る科学的探検を行っていました。

博物学者として名をあげたいダーウィンは、家族の反対を押し切ってビーグル号に乗り込み、南米へ向かいました。ダーウィンは船酔いと戦いながら、出会った人々や土地の様子、標本にした動物のスケッチや解剖の結果などを詳細に記録していきました。アンデスの高山では貝の化石を発見し、海底にあった岩が地球の運動でもち上げられたと結論づけました。

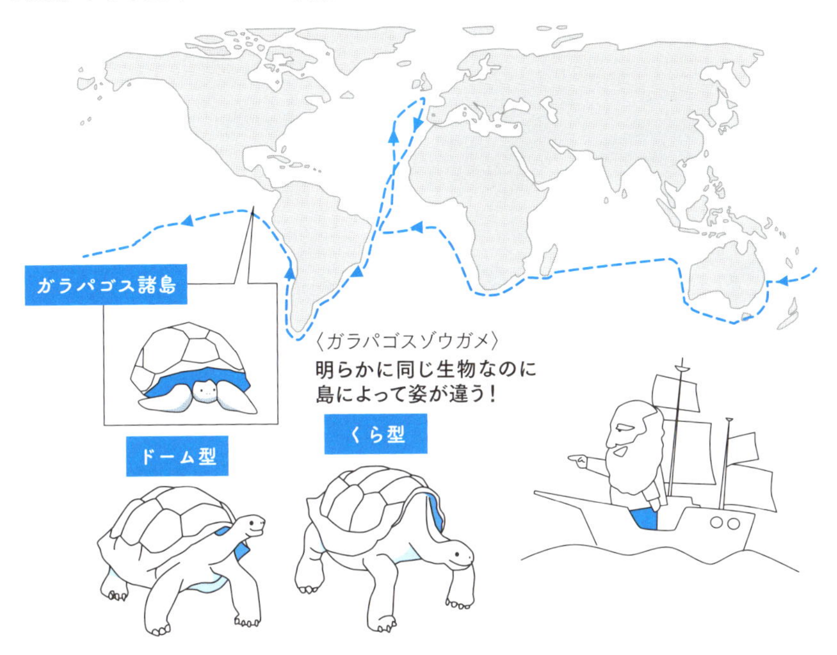

ガラパゴス諸島へついたとき、固有の動植物が多いことにダーウィンは驚きました。また、それぞれの島が50～60kmしか離れていないのに、似た生物が少しずつ違う姿をしていることにも気づきました。ダーウィンは、神の創造力では説明できない何かがあると思いながらイギリスに帰国しました。この頃からダーウィンは、「種は、長い時間をかけて祖先から進化してきたのではないか」と考え始めました。

推論はできた。でも、反論がたくさんくるだろうなあ……

それなら！

ダーウィンは、帰国から1年以内に進化についてノートに書き始めましたが、神への冒涜だと反論されるとわかっていました。そこで、反論に対抗できるように多くの証拠を集めることにしたのです。世界中の科学者の論文を読み、採集した資料を確認し、1844年に『種の起源』の草稿を書きました。さらに、庭や温室を使って実験を行いました。

たとえば、ハトの品種をいくつか飼育して、野生種が進化してほかの品種になることを確信しました。『種の起源』にはハトやいろいろな動植物を通して、人が短期間に行う品種改良と、自然環境で長い時間をかけて起きる自然淘汰が同じ「進化」であると記述されています。個体に現れた変異が環境に適しているとき、変異をもつ個体が生き残るという考え方です。ダーウィンは、進化の考えを15年かけて練っていきますが、植物学者アルフレッド・ウォーレスから進化に関するまとめが送られてきて焦ってしまいました。そこで、ダーウィンは ウォーレスと同じ学会で自分の考えを同時に発表することにしたのです。1年後の1859年、ダーウィンは『種の起源』を発刊しました。

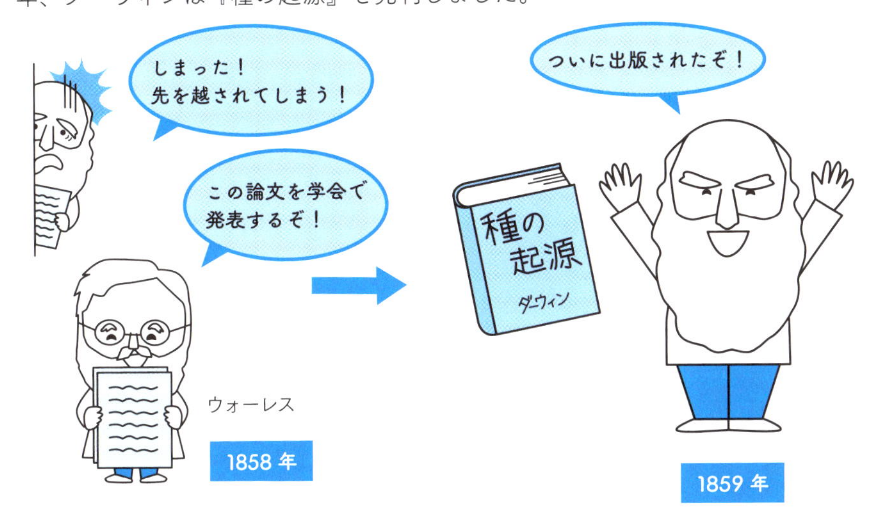

After HiraMeki後！

『種の起源』は大ベストセラーとなるいっぽう、多くの批判にも晒されました。しかし、若い動物学者であるトマス・ハックスリーなどの熱いサポーターにも支えられ、議論は活発に行われました。ダーウィン自身は議論にはまったく参加せず、残りの人生を家族と研究生活に捧げました。20世紀になると遺伝学が誕生し、現在ではダーウィンの進化論として広く知られ、受け入れられています。

ビジネスでHiraMeki!

エビデンスを集めることが、説得力のある普遍的なプレゼンにつながる。誰からどんな反論がくるのかよく考え、地道に実験結果や証拠を集め、発表しよう！

組み合わせる！　＼今回のテーマ／ 植物学

結果を見て仮説を立てる

光合成の謎を解明（1949 年）

メルビン・カルビン（1911 ～ 1997 年）

アメリカの生化学者。第二次世界大戦後に炭素の放射性同位体を使って光合成の研究をすることになり、実験結果から回路を提案。1961 年にノーベル化学賞を単独受賞した。

アンドリュー・ベンソン（1917 ～ 2015 年）

アメリカの生化学者。戦前から放射性同位体の研究をし、戦後にカルビンの研究室で光合成研究をした。実験はベンソンが行ったが、ノーベル賞受賞はならなかった。

Before HiraMeki 前！

空気中の二酸化炭素を使って光合成が起こる

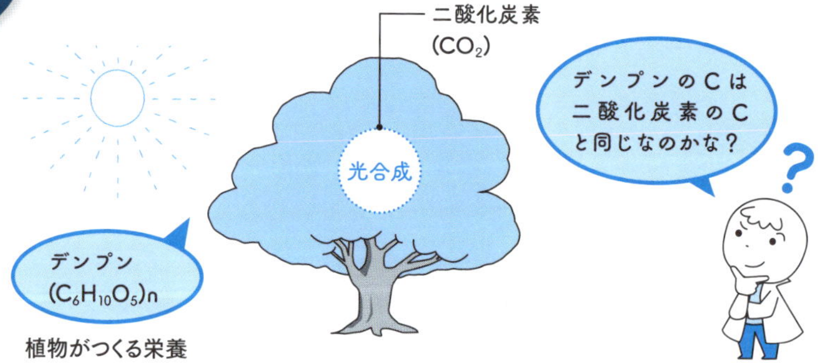

植物がつくる栄養

植物が空気中の二酸化炭素（CO_2）を使って光合成をすることは、1804 年から知られていました。しかし、空気の炭素（C）と植物がもともともつ炭素の区別がつかず、光合成のしくみはわかりませんでした。第二次世界大戦中には放射性物質の研究が進み、炭素の原子核についても多くのことがわかるようになりました。通常、炭素は原子核に６個の陽子と６個の中性子を含みます（^{12}C と表現）。しかし、原子核内の中性子の数が異なる同位体が存在し、なかには放射能をもつもの（放射性同位体）があります。陽子６個と中性子８個を含む ^{14}C は、放射性同位体の代表例です。

戦争後、カルビンは ^{14}C を使って研究をすることにしました。この炭素を使えば、植物由来の炭素（^{12}C）と外から取り込んだ ^{14}C とを葉っぱの中で区別することができ、光合成のしくみを明らかにできると考えたのです。カリフォルニア大学バークレー校でカルビンのもとで働いていたベンソンは、緑藻類のクロレラを使って光合成の実験を行いました。

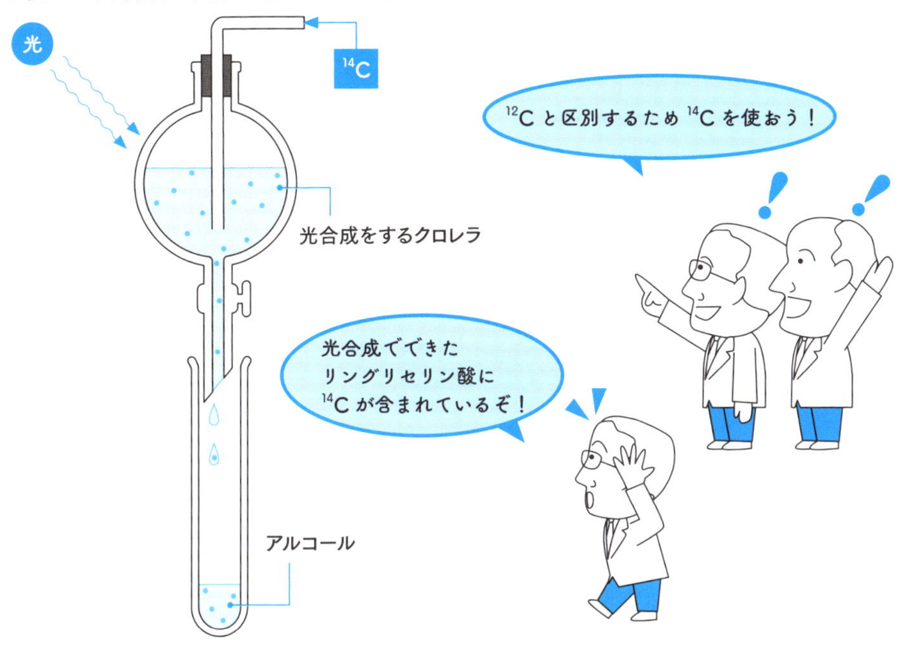

クロレラを入れたキャンディー型の容器に光を当て、この容器に ^{14}C の炭素を注入します。すると、光合成と同時にクロレラは ^{14}C を体内に取り込みます。一定時間後にクロレラをアルコールで死滅させ、^{14}C が取り込まれた物質を調べました。その結果、^{14}C を取り込んでできた最初の物質はデンプンではなく、リングリセリン酸だということがわかりました。このことから、光合成でデンプンがつくられるまでに、さまざまな物質がつくられ、複雑な工程を踏むことが予想されました。

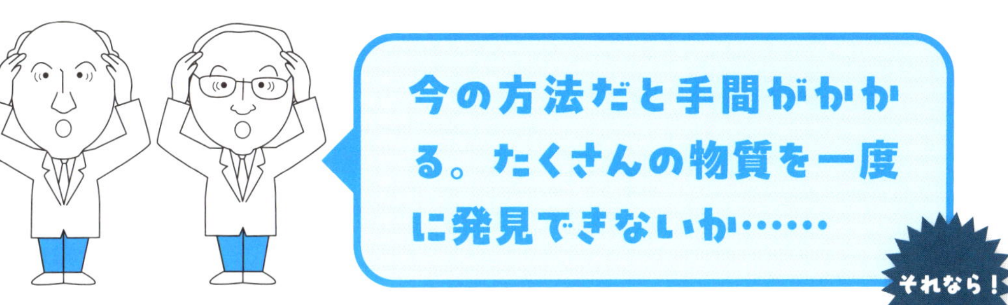

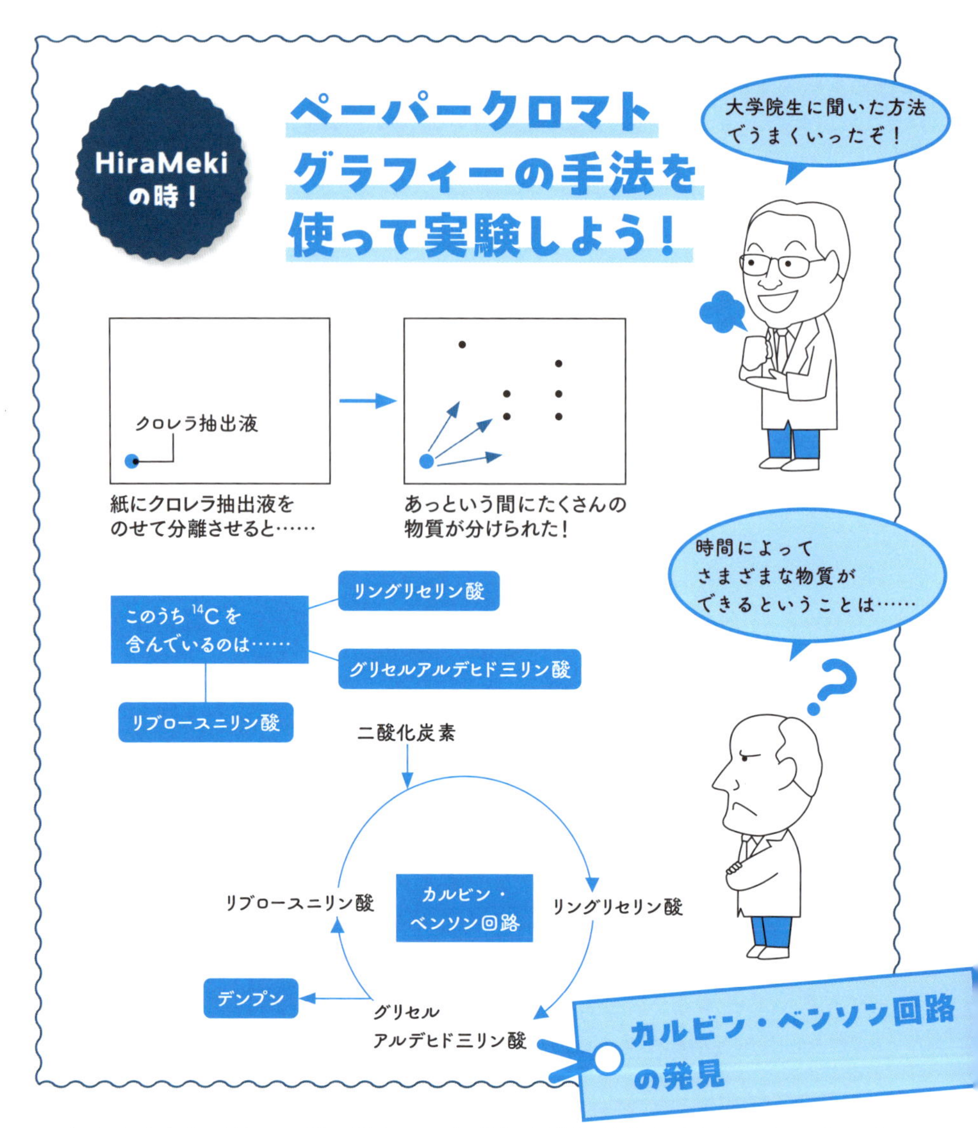

今までの方法では、一度にひとつの物質しか検出できませんでした。そこで、ペーパークロマトグラフィーというイギリスで開発されたばかりの方法を使うことにしました。ろ紙の片隅に調べたい溶液を垂らし、水や有機溶媒などの展開液につけることで、溶液に含まれる物質を性質ごとに分けることができます。ベンソンがイギリスの大学院生に教わったこの方法をすぐに採用した結果、^{14}C が含まれている光合成産物を一度に調べることができました。ベンソンは、光合成によりさまざまな物質が一定時間ごとにつくられることを明らかにしました。

カルビンは結果を見て、光合成によって植物の中で起きる現象を回路の形で表現できるかもしれないと考えました。今日これはカルビン・ベンソン回路として知られています。ベンソンはその後、カルビンの研究室をやめるまで光合成の研究を進め、空気中の二酸化炭素の取り込みをしやすくする酵素（ルビスコ）も発見しています。カルビンは 1961 年に光合成研究への功績が認められて、ノーベル化学賞を単独受賞しました。

After HiraMeki 後！

光合成は、太陽光を使ってデンプンや酸素をつくる、生物の生態系を支える土台ともいえます。人間はまだ植物たちがつくってくれたものを使うことでしかデンプンを得られません。光合成を人工的に再現し、エネルギー生産や有用な化合物をつくる「人工光合成」の研究も進められています。

ビジネスで HiraMeki!

新しい技術が開発されたときは使ってみよう。困っていることの突破口を開けるかもしれない。

組み合わせる！　＼今回のテーマ／ 分子生物学

目印つければわかりやすいよね

DNAが遺伝物質であることを証明（1952年）

アルフレッド・ハーシー（1908～1997年）

アメリカの遺伝学者。ワシントン・カーネギー協会にて、チェイスとともに遺伝物質の研究を行う。研究者ネットワーク「ファージグループ」に参加し、分子生物学分野の始まりに貢献した。

マーサ・チェイス（1927～2003年）

アメリカの遺伝学者。ウースター大学で学士を取得後、民間の研究所に研究助手として勤務。1964年に、南カリフォルニア大学で微生物学の博士を取得した。

Before HiraMeki 前！

DNAとタンパク質　どっちが遺伝物質か？

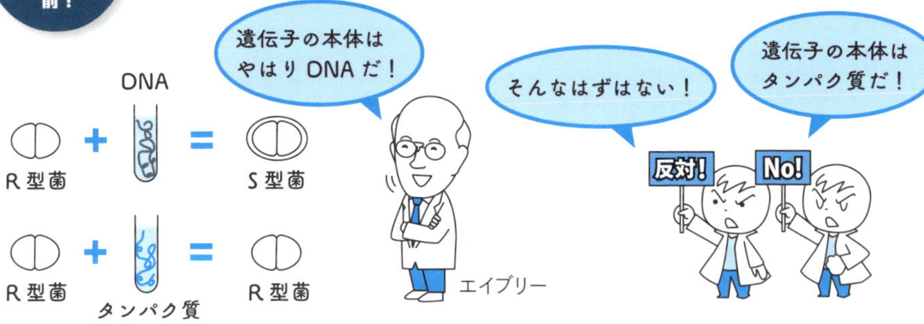

当時、研究者の間では、遺伝子の正体がDNAとタンパク質のどちらなのかという論争が続いていました。これに一石を投じたのが、オズワルド・セオドア・エイブリー（P82）の実験です。エイブリーは肺炎双球菌を使い、形質を伝えているのはタンパク質ではなく、DNAだろうという結論を出しました。それでも多くの研究者はこの結果に懐疑的でした。DNAは4つのヌクレオチドから、タンパク質は20種のアミノ酸からできており、タンパク質のほうがより多くの情報を伝えられると思われたからです。

この無視されかけたエイブリーの実験に注目したのがハーシーです。彼はこの結果をより強力に証明するため、細菌に感染するバクテリオファージというウイルスを使用しました。バクテリオファージはタンパク質とDNAでできている単純な構造で、実験に使うモデル生物として最適でした。

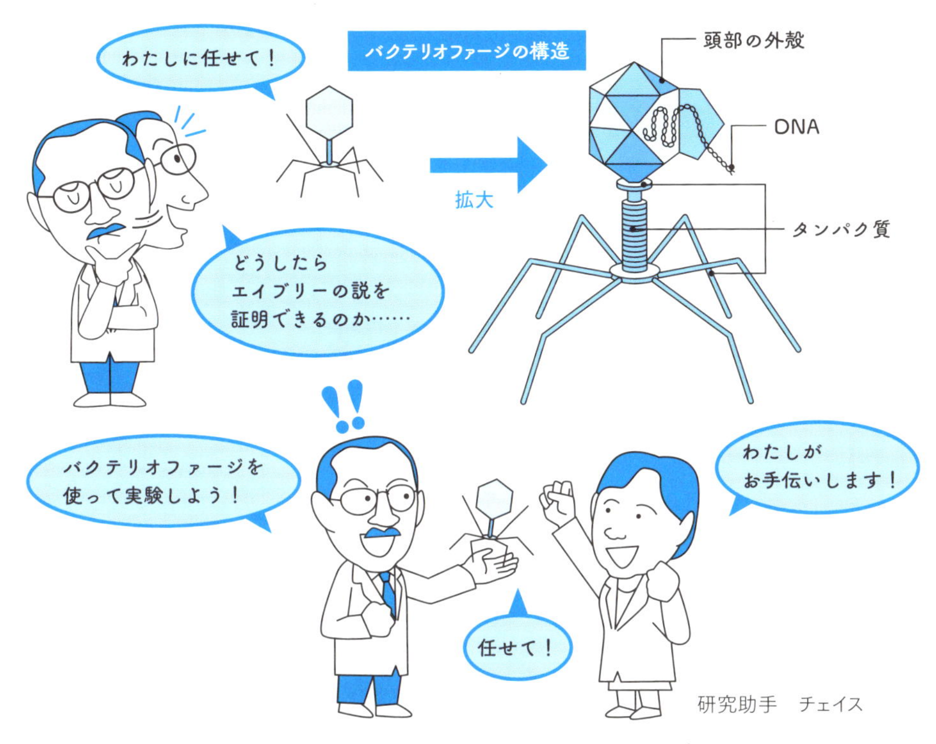

研究助手　チェイス

バクテリオファージは大腸菌に付着し、その内部で大量に自身を複製させます。つまりバクテリオファージから大腸菌の中に、遺伝物質としてはたらく「何か」が注入されているわけです。ハーシーはこの「何か」が、タンパク質とDNAのどちらなのかを特定しようと考えました。

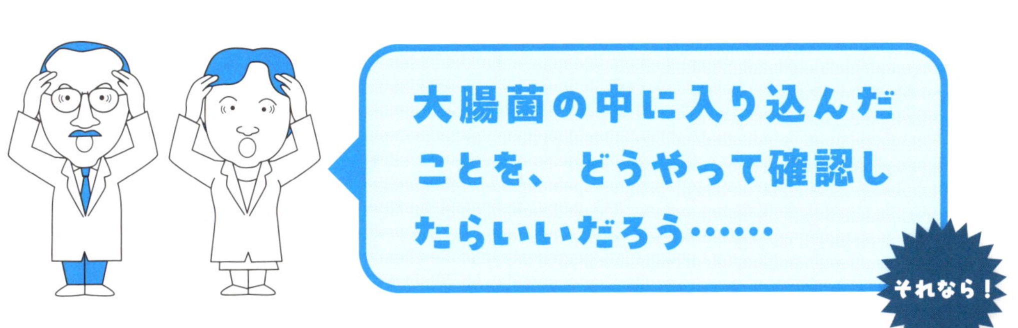

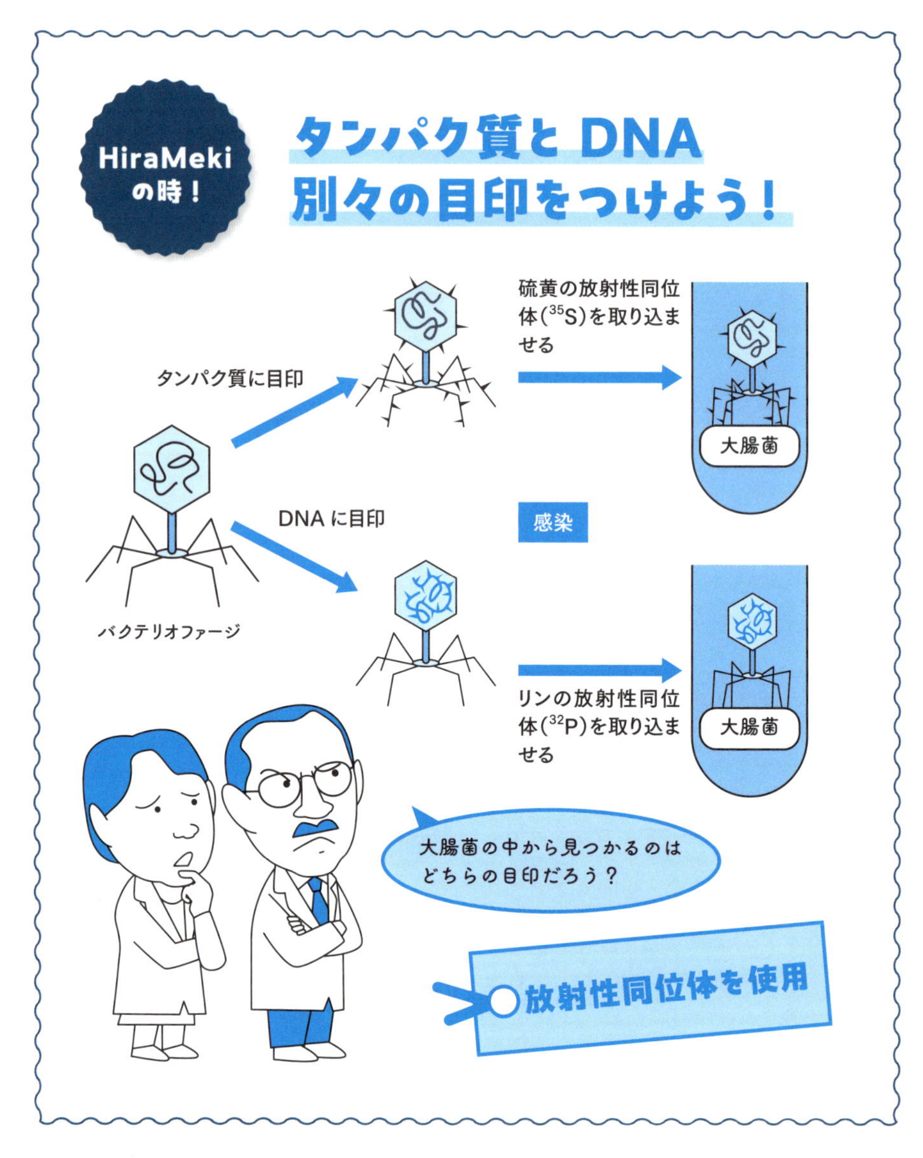

ハーシーはタンパク質と DNA、それぞれに別の目印をつけることにしました。目印に使われたのは、硫黄とリンの放射性同位体です。硫黄はタンパク質に含まれますが、DNA には含まれません。リンはその逆です。まず目印を取り込ませるために、バクテリオファージをそれぞれ放射性同位体の硫黄とリンを含む培地で生長させました。すると、タンパク質が放射線を発するバクテリオファージと、DNA が放射線を発するバクテリオファージ、ふたつの材料ができあがります。

次に、それらを大腸菌に感染させます。バクテリオファージは大腸菌の表面にくっついているだけなので、遠心分離器にかけると簡単に外すことができます。こうして混合液を、遺伝物質が注入された大腸菌とバクテリオファージ本体に分離することができました。最後に、大腸菌から発せられる放射線を調べてみます。すると、そこからは放射性リンが見つかったのです。このことから、遺伝物質として注入されたのは、リンを含んでいるDNAであり、タンパク質は注入されていなかったということがわかり、遺伝物質の正体はDNAであったと証明されました。

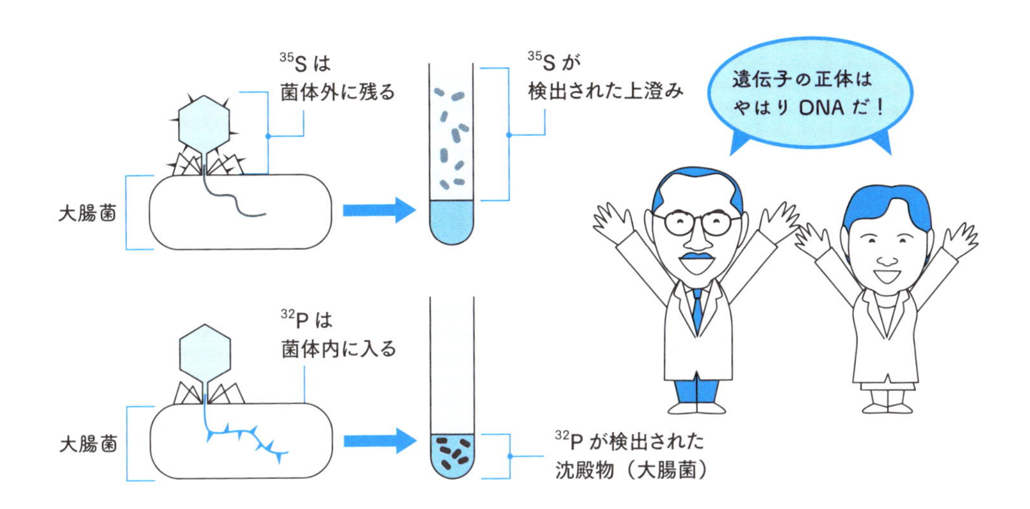

After HiraMeki 後！

この結果は1952年に論文として発表され、当時としてはめずらしく、実験助手であるチェイスも連名で掲載されました。その後、ハーシーは「ウイルスの複製機構と遺伝的構造に関する発見」として、ファージグループのほかの研究者とともに、1969年にノーベル生理学・医学賞を受賞します。この受賞者にチェイスは含まれませんでしたが、画期的な実験を支えた彼女の功績はいうまでもありません。

ビジネスでHiraMeki!

モデル生物も実験方法もできるだけシンプルにしたことが成功のカギ。複雑な議論もなるべく論点を絞り、コンパクトに考えていこう！

組み合わせる！　＼今回のテーマ／ 分子生物学

困難にもめげず絶対に諦めない

岡崎フラグメントの発見（1966年）

岡崎令治（1930〜1975年）

広島県生まれ。中学2年で原子爆弾の黒い雨を浴びる。1966年、DNAの合成前駆体である岡崎フラグメントを発見。1975年、被爆が原因の慢性骨髄性白血病で急逝。享年44。

岡崎恒子（1933年〜）

愛知県生まれ。名古屋大学生物学科4年時に岡崎令治と出会う。1956年、令治が研究補助員をしていた山田研究室の大学院生となり5月に結婚。令治の死後、研究を受け継ぐ。

Before HiraMeki前！

DNAは逆向きの2本の鎖でできている

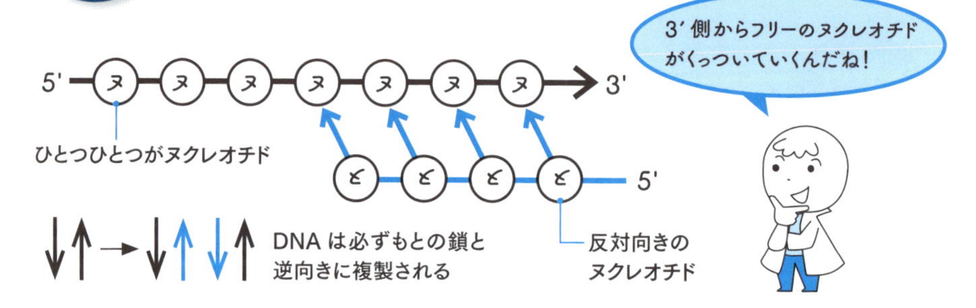

生命の設計図であるDNAは、ヌクレオチドの長いつながりです。細胞は分裂する前にDNAのコピーをつくることで遺伝情報を2倍にし、分裂した新しい細胞にも同じDNAを格納します。これを「DNAの複製」といいます。複製は、DNAの2本の鎖が1本ずつに分かれ、そこにそれぞれDNAポリメラーゼという酵素がつき、もとの鎖に対して一方通行で進んでいきます。

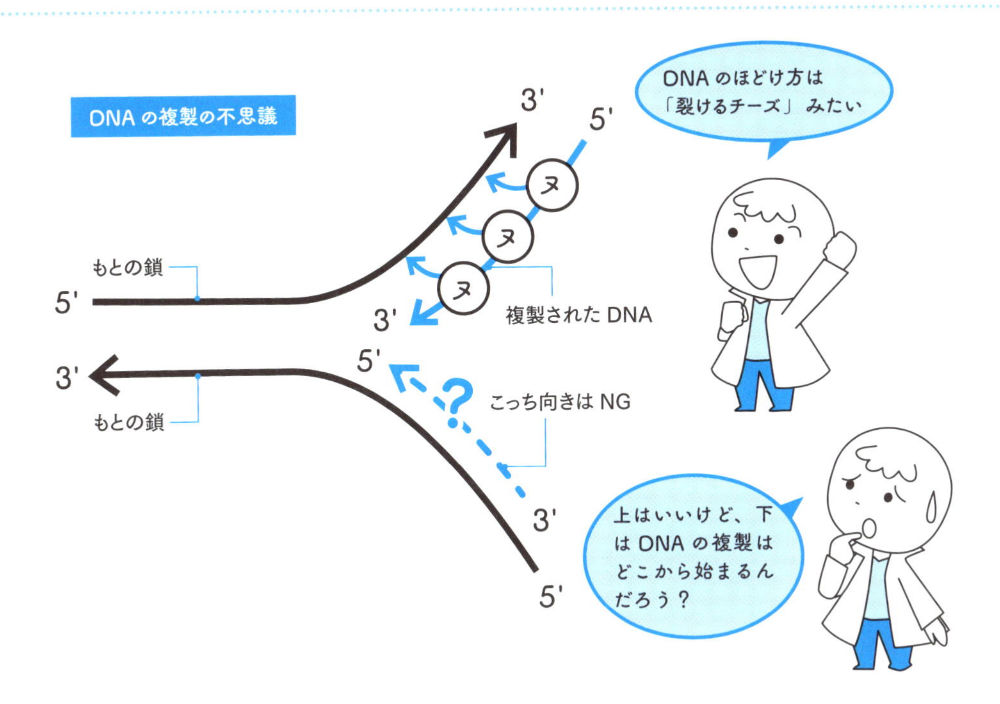

名古屋大学の生物学科で出会い結婚した令治と恒子は米国に留学し、スタンフォード大学のアーサー・コーンバーグ（P190）に師事します。コーンバーグは、不純物を極限まで除いた試験管内での実験を重視し、いっぽうの令治は、複雑な生体をそのまま使った実験を好みました。彼らは議論を戦わせることもしばしばでした。帰国後、ふたりはDNA複製の研究を続けます。そこで新たな壁に直面します。複製中の染色体は、巨視的には裂けるチーズのようにY字型に二重鎖がほどけ、同一方向に複製が進んで見えます。しかし、試験管内の実験では、DNAポリメラーゼは5′→3′方向にしか反応しません。DNAの二重鎖は、塩基の並びが逆で複製の方向も逆になるはずなのに、なぜ同じ方向に反応が進むのか。大きな謎が立ち塞がったのです。

逆方向に複製されるはずの2本のDNAが同じ方向に複製される……

どういうこと!?

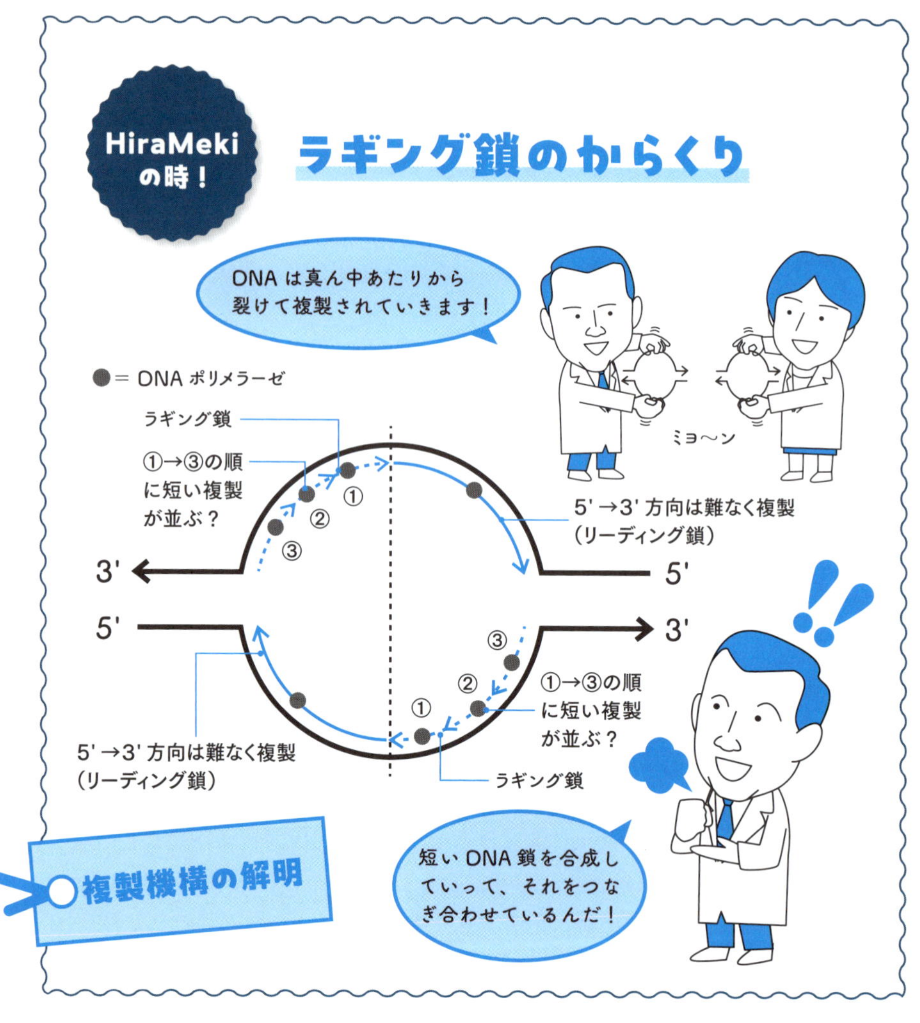

DNA が複製されるとき、DNA 鎖は中ほどから裂けていきます。このとき、5′末端に向かっていく鎖をリーディング鎖、3′末端に向かっていく鎖をラギング鎖といいます。リーディング鎖では、5′末端方向に向かって新しい鎖が一方向に複製されます。ラギング鎖では、短い DNA の結合が 5′末端に向かって不連続に複製されます。この短い鎖が 5′末端側から 3′末端に向かって結合していくため､巨視的には同方向へ反応が進んで見えることがわかりました。令治と恒子は、RNA が DNA 鎖の合成反応を開始させる起点（プライマー）だという仮説を立てて研究を続けましたが、プライマー RNA の実態を明らかにすることはなかなかできませんでした。

そうしたなか、令治は白血病で急逝。残された恒子は、プライマー RNA の実態を明らかにしようと執念を燃やします。そしてついに、根気強い恒子はプライマー RNA の構造を明らかにしました。生物は DNA を材料としたプライマーを合成できないため、まず RNA を材料とした RNA プライマーを合成したうえで、DNA ポリメラーゼによる DNA 合成を開始するのです。この発見で、令治と始めた不連続複製がおよそ証明されました。

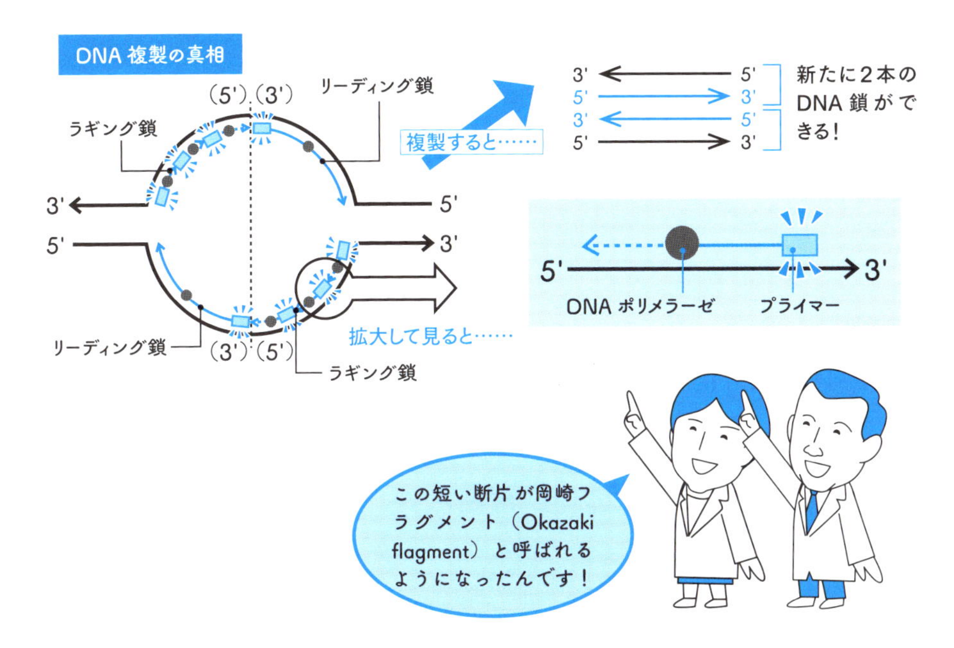

After HiraMeki 後！

複製される DNA の短い断片を「岡崎フラグメント」として認められた後も、恒子は複製開始機構の研究を続け、バクテリアだけでなく真核生物にも対象を広げます。令治の死後、研究結果が受け入れられず、世間からの批判にひとりで直面した恒子を支えたのは、留学先の師であったアーサー・コーンバーグからの「研究を続けなさい。世界は名古屋からの結果を待っている」という手紙だったそうです。

ビジネスで HiraMeki!

他者（上司）からの助言を力に変えた岡崎夫婦。あらゆる選択の場面で諦めなければ、大きな成果を得られるかも！

組み合わせる！　＼今回のテーマ／ 系統分類学

コミュ力重視で助けを借りる

細胞内共生説の提唱（1967年）

リン・マーギュリス（1938～2011年）

アメリカの生物学者。シカゴで弁護士の父と会社経営者の母のもとに生まれる。飛び級してシカゴ大学に入学し、そこで出会った地球科学者カール・セーガンと学部卒業と同時に結婚。ふたりの子どもを育てながら大学院生活を送るが、数年で離婚。その後、結晶学者のトーマス・ニック・マーギュリスと再婚し、3人目の子どもを妊娠中に産休を利用して『真核生物の起源』を著す。

Before HiraMeki 前！

変異と自然選択以外の進化ってないの？

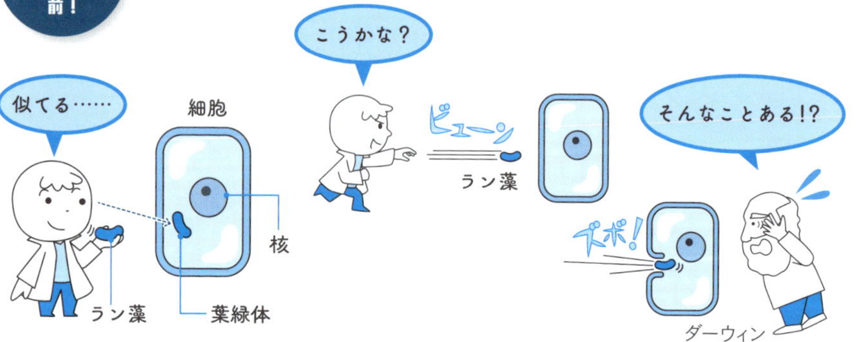

チャールズ・ダーウィン（P28）が提唱した進化論では、生物の進化は変異と自然選択により、世代を重ねるなかで進むとされました。しかし、細胞が別の生物を取り込んで世代をまたがず進化するという「細胞内共生説」が、19世紀後半から語られていました。一部の細胞内の小器官と構造のよく似た生物が存在していたからです。この説は1900年代に入り具体的に論じられ、20世紀中頃には本格的な学会も開催され始めました。

もともと別の生物であれば単離できるだろうという考えから、何人もの研究者が葉緑体やミトコンドリアを培養して共生を証明しようと試みました。しかし成功せず、そのまま細胞内共生説は下火になりました。いっぽう、1950 年代に入り、生命の遺伝情報物質である DNA の構造やはたらきが明らかになっていきました。その後、1963 年にミトコンドリア内に核と異なる DNA が発見されました。これにより、細胞内共生説は再び盛り上がり始めます。

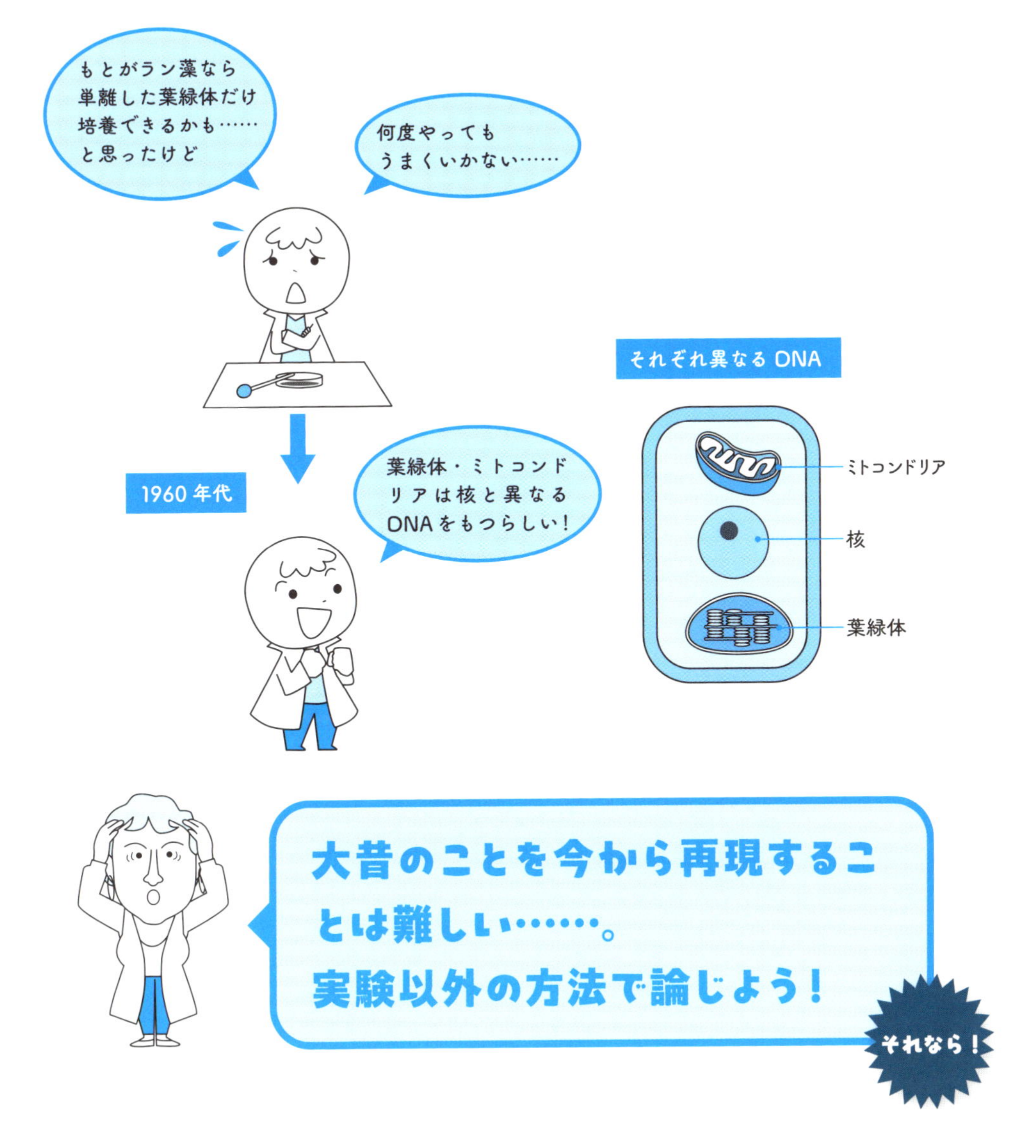

マーギュリスは地球科学者である夫の助けを得て、生命の起源や地球の酸素濃度の変化など、当時はめずらしかった他分野の研究を参照・引用しました。また、生物学分野からも生化学や遺伝学など幅広い情報を集め、細胞内共生説を実験データではなく理論面から発表しました。

マーギュリスは人づき合いが得意で、自宅でよくパーティを開いていました。注目を集めることを好み、地味な研究よりセンセーショナルな考察を好む傾向があったといいます。マーギュリスは幅広い分野の研究者とのつながりを生かし、五界説や性の起源への言及など、生命の進化や系統分類について数多くの研究結果を残しました。

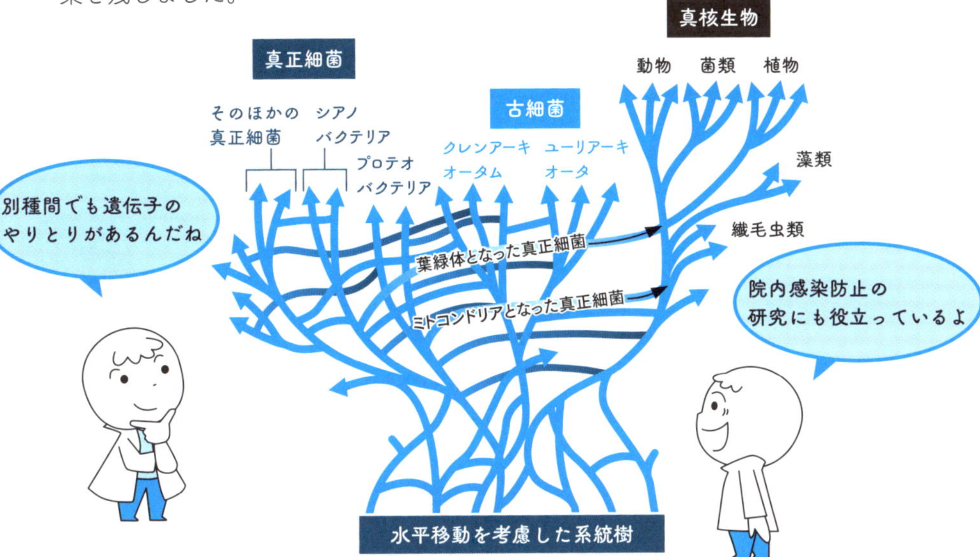

After HiraMeki後！

細胞内に別の生物が突然入り込んで進化したというマーギュリスの説は、当時は突飛な考え方だと見られていました。しかし現在では、生物の進化は変異・自然選択・共生すべてを統合したものだとされています。共生説は遺伝子の水平伝播の考えと一体となり、原核生物の多様性の原動力となっています。水平伝播とは、ある細菌の遺伝子が別の細菌に取り込まれる現象で、院内感染の原因となる薬剤耐性菌はこれにより誕生します。マーギュリスの説は、このプロセスを理解するための礎となっています。

ビジネスでHiraMeki!

自分ひとりではできない情報収集を周囲の人々の協力を得て実現し、結果につなげたマーギュリス。異なる職業や他部署の人の話を聞くことが大きなヒントになるかも！

組み合わせる！　＼今回のテーマ／ 分子生物学

意気投合が発明を生む

CRISPR-Cas9の開発（2012年）

ジェニファー・ダウドナ（1964年～）

アメリカの生化学者。細菌の免疫機構とRNAの関係について研究していた。ゲノム編集技術CRISPR-Cas9の開発で2020年ノーベル化学賞を受賞。

エマニュエル・シャルパンティエ（1968年～）

フランスの微生物学者。化膿レンサ球菌（人喰いバクテリア）の研究で、病原性を解明したいと考えていた。Cas9を発見し、2020年、ダウドナとノーベル化学賞を共同受賞。

遺伝子を組み換えるのは大変だ

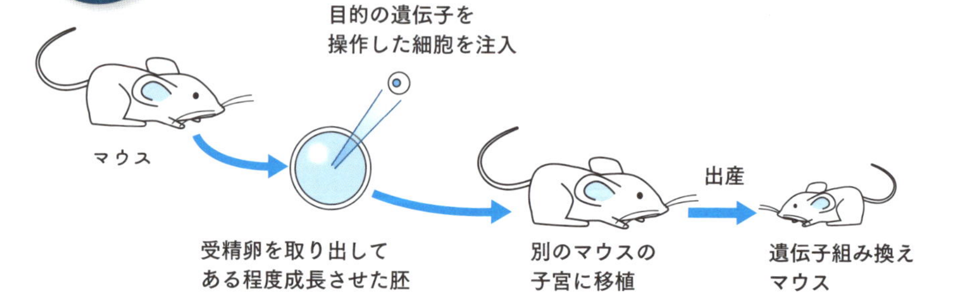

ジェームズ・ワトソンやフランシス・クリック（P136）によりDNAが物質として扱われるようになり、遺伝子自体を操る分子生物学が発展しました。その流れのなかで、生物の遺伝子を組み換えるという発想は、マーチン・エバンスらによって確立され、マウスでは目的の遺伝子を目的の場所で目的のタイミングに組み換えることができるようになりました。しかし、難しい技術で限られた生物だけに行われていました。

ダウドナとシャルパンティエはそれぞれ、違う国で細菌を使って研究をしていました。細菌には侵入してきたウイルスを覚え、次の進入時に退治するための免疫機構があります。この免疫機構のしくみを、それぞれ別の角度で解明しようとしていたのです。国際学会で出会ったふたりは意気投合し、共同研究を始めることにしました。

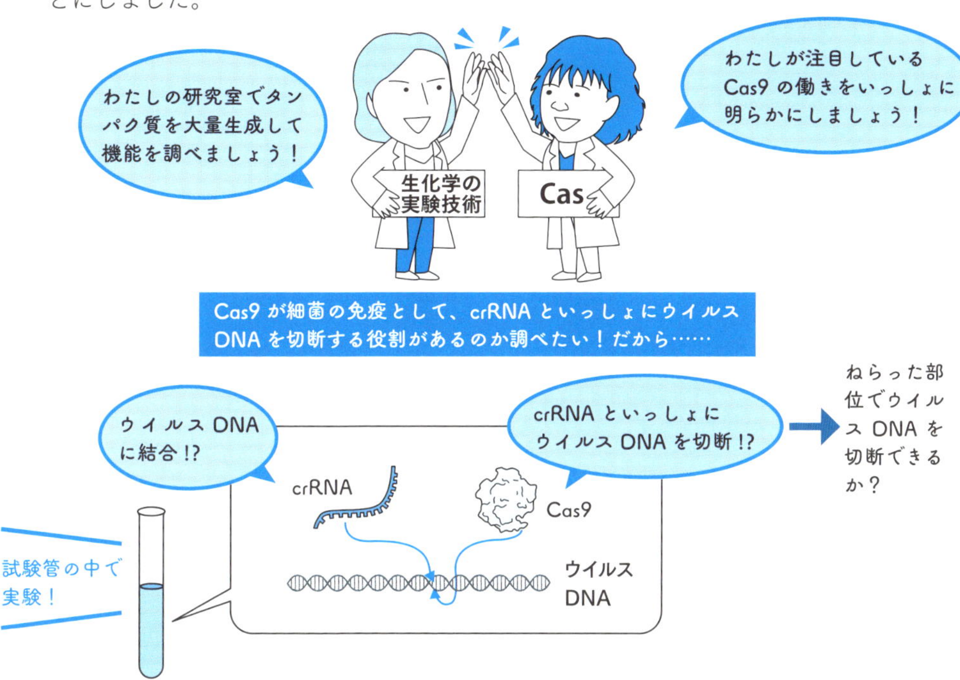

シャルパンティエの研究で、Cas9というタンパク質には細菌に侵入したウイルスを壊すことが予見されました。そこでダウドナの研究室でCas9を大量精製し、ウイルスDNAが切断されるか確かめることにしました。ところが、Cas9とウイルスを壊す役割をするであろうcrRNAといっしょに、ウイルスDNAを試験管の中で反応させても、DNAは切断されませんでした。

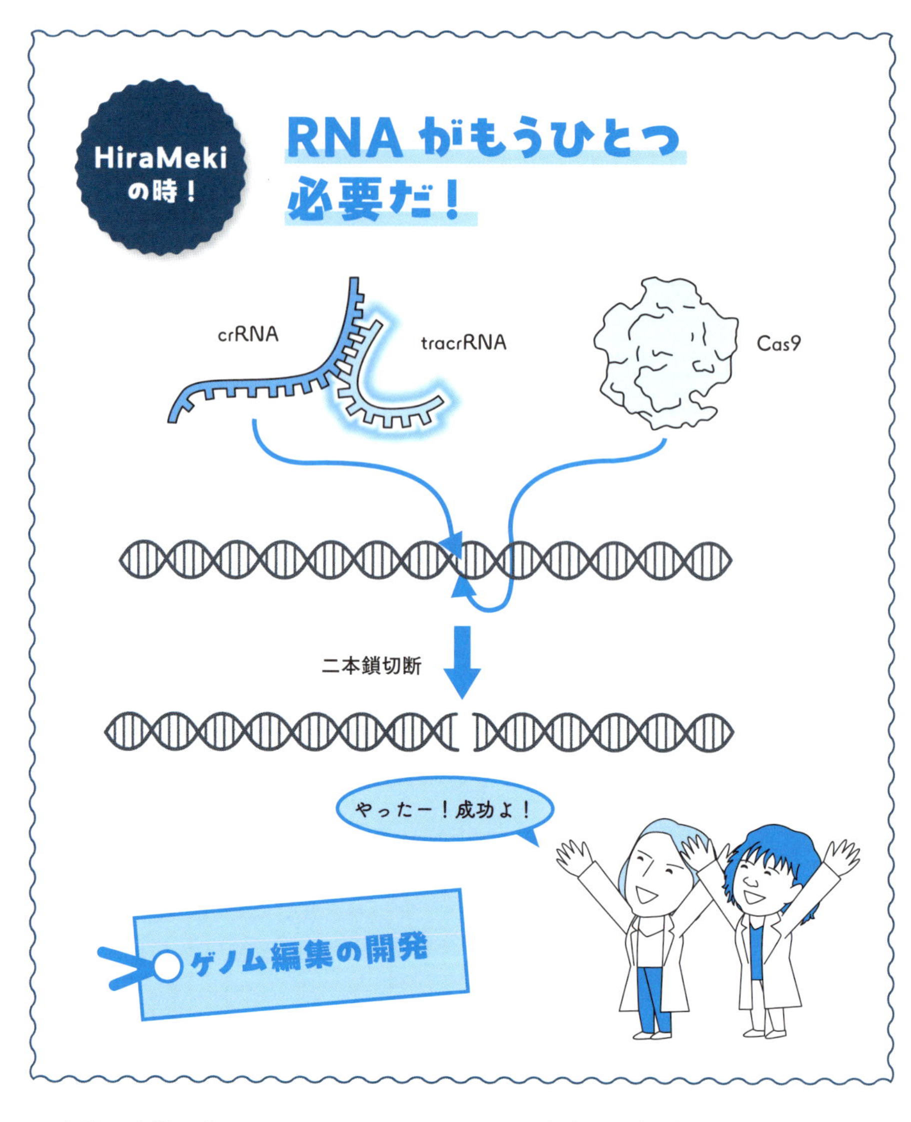

突破口を開いたのは、シャルパンティエの研究室で、細菌の crRNA がつくられるために必要なものとして特定されていた tracrRNA という RNA でした。この RNA を入れると、DNA 配列の中で crRNA 配列と完全に一致する配列が Cas9 と tracrRNA によって切断されたのです。このしくみを発見したとき、ダウドナとシャルパンティエはこの切断のしくみが、細菌だけではなくほかの生物でも使えるのではないかと考えました。必要なのは、切断したい DNA と完全に一致する crRNA と、その配列から設計される tracrRNA、Cas9 タンパク質だけです。

論文を発表した2012年以降、この方法はCRISPR-Cas9（クリスパーキャスナイン）と呼ばれるようになりました。この技術で、さまざまな生物の遺伝情報が簡便に「編集」できるようになり、広く活用されました。

通常よりも肉厚なマダイをつくり出す

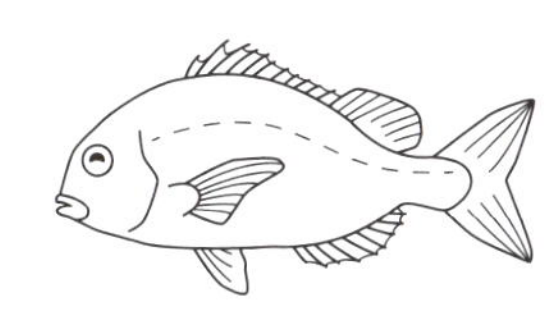

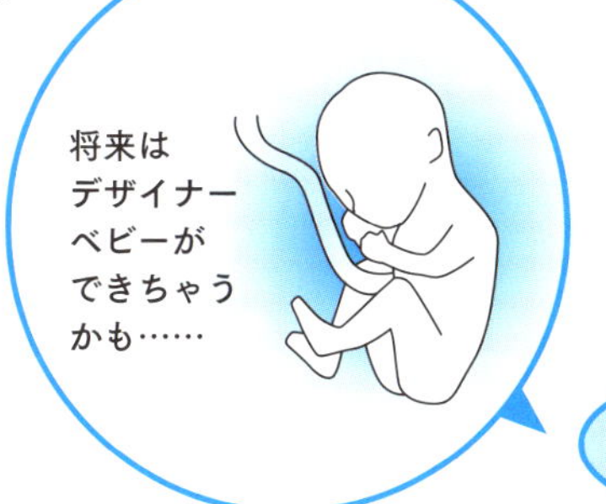

将来は
デザイナーベビーができちゃうかも……

難病治療

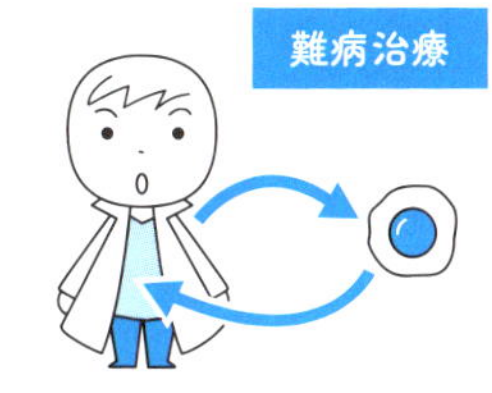

病気の原因をつくる細胞を取り出し、ゲノム編集で治療したものを体内に戻す

みんなで話し合う必要があるわね！

CRISPR-Cas9のような生物の遺伝情報（ゲノム）を直接編集できる技術は、「ゲノム編集」と呼ばれています。ゲノム編集は、20世紀後半から発展を続けてきた遺伝子工学に、さらに新たな革命を引き起こしました。いっぽう、ヒトをゲノム編集することも可能であり、新たな議論につながっています。

ビジネスでHiraMeki!

違う角度で研究していた人と共同研究すると、思わぬ成果が得られることもある！　ほかの人の仕事にも目を向けて、コラボレーションの可能性を探ろう！

\Part/

視点を変える!

固定観念にとらわれると、視界や思考は狭まるもの。本章では世間の常識や過去の実績を疑ったり、多角的な視点で物事を捉えたりすることで道を切り開いた計 14 名の生物学者を紹介する。視点をほんの少し変えるだけで、世界は変わって見えるかもしれない！

視点を変える！　＼今回のテーマ／ 発生学

フタしてみたらわかった事実

レディの実験（1665 年）

フランチェスコ・レディ（1626 ～ 1697 年）

イタリアのアレッツォ生まれの医師、生物学者、詩人。ピサ大学で医学と哲学の博士を取得後、フィレンツェにて有力者メディチ家トスカーナ大公の主治医となる。観察や実験を重視し、神話や言い伝えのような当時のさまざまな科学的通説を検証､是正していった。とくに自然発生説の否定は大きな功績となり、「実験生物学の父」や「微生物学の父」と呼ばれる。詩人としても多くの作品を残した。

Before HiraMeki 前！

「自然発生説」が常識だった世界

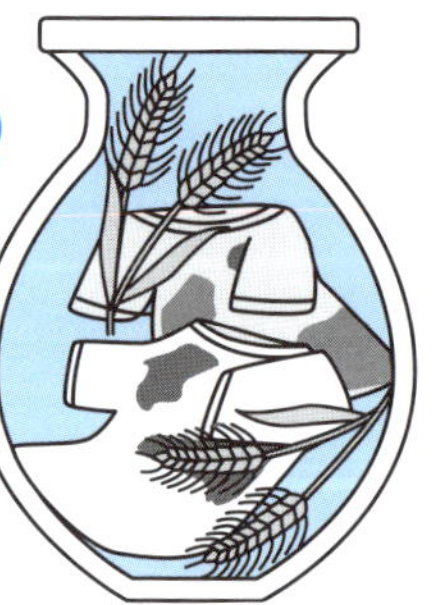

17 世紀ヨーロッパでは、紀元前 4 世紀の学者アリストテレスによる自然発生説が根強く残っていました。「親が産まなくても、自然の中から生まれる生物がいる」という説です。ヤン・ファン・ヘルモント（P20）は汚れたシャツや麦を入れた壺を 3 週間放置してから観察し、中でネズミが自然発生したと発表しました。現代なら「外からやってきたネズミが壺に入っただけだ」と一蹴されそうですが、当時は世間にもこのような考え方が受け入れられていたのです。

これはキリスト教の影響も強くありました。神様が地上を豊かにするためさまざまな種類の「生命の種」を地球に撒いていて、それらが神の手によって動き出すと考えられていたのです。もちろん、交配によって次の世代が生まれることがわかっていた生物もいました。しかし優れた顕微鏡もまだない時代、小さな生物のライフサイクルは観察してもわからず、自然発生説を超える説明はなかったのです。

そんななか、レディは古代ギリシアの叙事詩「イーリアス」の19節を読んでいて、ある描写に気づきます。そこには「兵士の傷口にハエが集まり、ウジがわいて亡骸が腐る」ということが書かれていました。ここでレディはウジの発生とハエの存在に着目したのです。

腐肉からウジが自然発生するんじゃなくて、ハエが卵を産んでそこから生まれているんじゃないか？

そこでまず、肉が腐ってウジが発生するまでの様子を、詳しく観察することにしました。その結果、ウジが発生する前には、必ずハエがやってきていたことが確認できたのです。そして生まれたウジは、最初にやってきたハエと同じ種類のハエに成長しました。

小さな生物だって、親から子どもが生まれているんじゃ……
それなら！

レディはウジの発生とハエの関係を確かめるため、肉を入れた瓶を用意しました。ひとつはフタがなく、ハエは自由に出入りができます。もうひとつはフタを閉めて、ハエが中に入れないようにしました。このふたつを比べた結果、フタのない瓶にはハエが集まって、中の肉にとまりました。その後にウジが発生したのです。いっぽう、フタを閉めた瓶の肉にウジは発生しませんでした。このことから、ウジが生まれるためには「親であるハエ」が必ず必要だということがわかったのです。小さな虫も、親から子が生まれるということが確認できました。

次にフタで密閉する代わりに、ガーゼをかぶせた瓶を用意しました。ここでは空気は通りますが、ハエは瓶の中に入ることはできません。その結果、まずにおいにつられてハエが集まり、その後ガーゼの上にだけウジが発生しました。つまりハエは接触したところに卵を産み、そこにウジが発生すること、腐肉からウジは自然に発生しないということが、観察によって確認できたのです。繰り返し確認されたこれらの結果から、レディは「すべての生命は生命から生じる」と結論づけました。

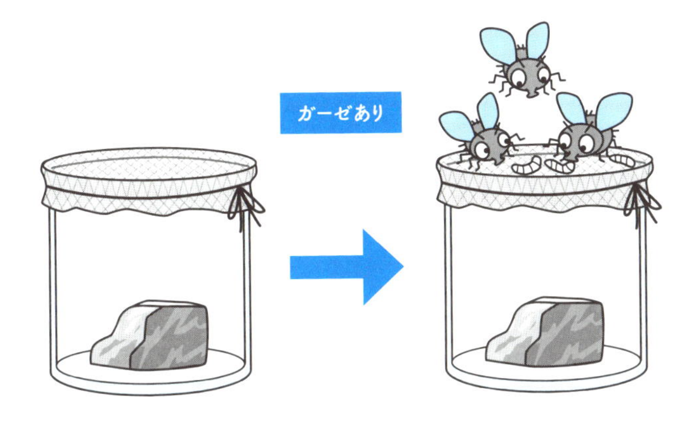

After HiraMeki後！

対照実験や、実際の観察をもとにした結果は誰の目にも明らかでした。こうしてレディの実験は、自然発生説否定の第一歩となったのです。しかしレディ自身、寄生虫など一部の生物については、やはり自然発生説でしか説明できないと考えていました。さらに、1674年にアントニ・ファン・レーウェンフック（P108）が自作の顕微鏡で微生物を発見したことから、寄生虫などの微生物は自然発生なのかどうかということも議論になります。これらに決着をつけたのがルイ・パスツール（P66）でした。

ビジネスでHiraMeki!

常識を疑うことはときに勇気がいるけれど、自分の気づきを信じて。誰もが納得する結果を集めていって、新しいスタンダードをつくり出そう！

視点を変える！　＼今回のテーマ／ 系統分類学

スッキリ まとめあげる

分類階級と二名式命名法の確立（1758 年）

カール・フォン・リンネ（1707 ～ 1778 年）

スウェーデンの博物学者、植物学者。牧師の息子として生まれる。ウプサラ大学で医学・植物学を学ぶ。20 代の頃、当時は荒地であったラプランド地方を 7400㎞にわたって探検・調査し、その経験をもとに後年は世界中の土地からさまざまな生物を採集。分類階級の作成、植物の分類、属名と種名からなる二名式命名法を確立しただけでなく、現在に通じる植物界・動物界・鉱物界の分類方法を整備した。

Before HiraMeki 前！

信仰としての自然探求

キリスト教世界では、神がすべての生物を創造したと考えられていたため、自然を理解することは神がつくった世界を理解すること、すなわち信仰の形とされていました。そのため科学者の間では、生物を食用・衣料用などと分類する「人為分類」ではなく、科学的な類縁関係に基づく「自然分類」が重視されるようになっていました。16 ～ 17 世紀は世界中から多くの動植物がヨーロッパに集められており、それらを分類・整理する気運が高まっていました。

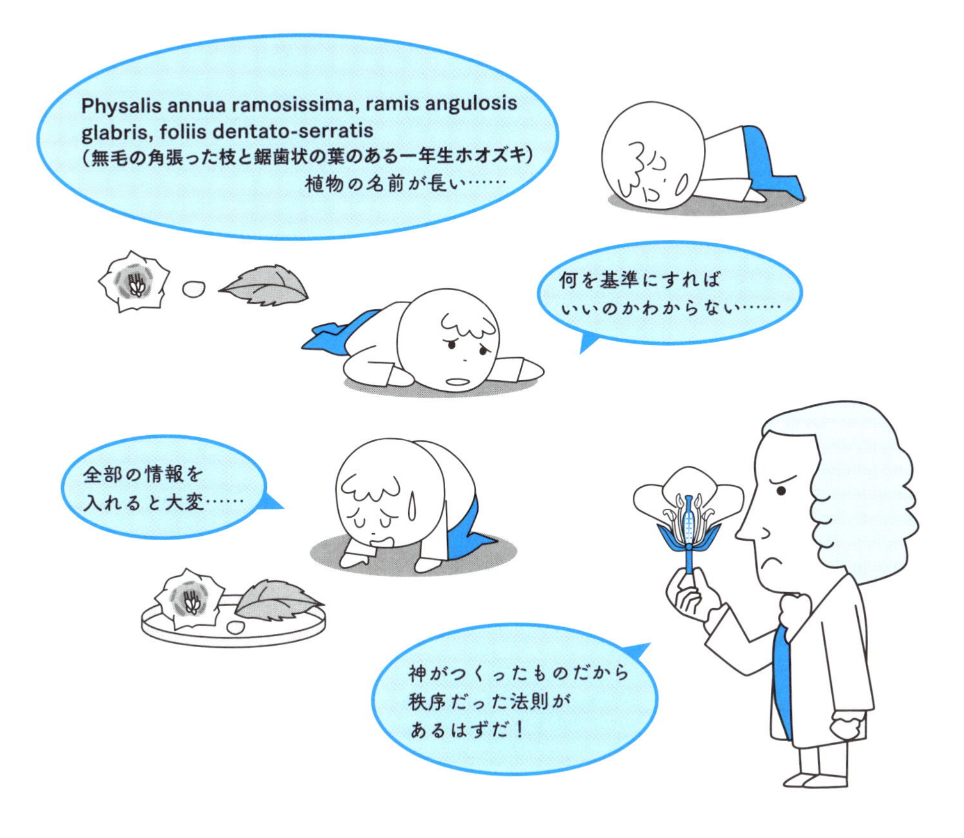

植物を分類するにあたって、大きさや生殖方法で分ける試みはすでに行われており、葉や花などの目立つ形質に注目した分類が行われていました。しかし、どの形質に着目するかで人為的な視点が入ってしまうほか、分類名が長くなってしまう、複数の形質に注目すると分類が細かくなりすぎるなど、たくさんの問題がありました。

神がつくった世界なら、秩序だった分類体系があるに違いない！

それなら！

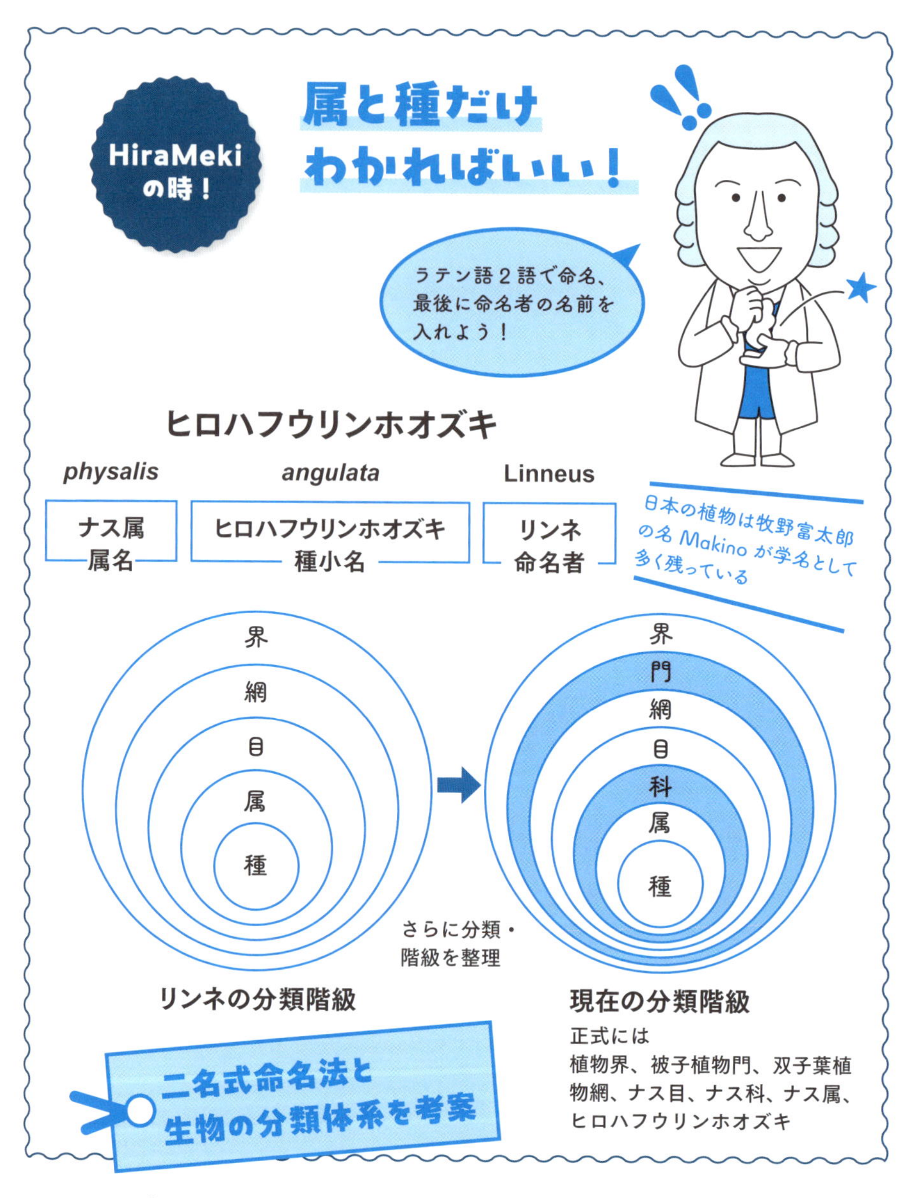

リンネは「二名式命名法」を考案し、短い名前で生物種を表せるようにしました。これは16世紀の植物学者ガスパールの命名法をより洗練させたものです。また、現在に通じる分類階級を確立させました。さらに、植物の形質のなかでも生殖器官であるおしべ・めしべに着目するなど、多数の種をシンプルに整理する土台をつくり上げました。

リンネは若い頃の探検・調査の経験をもとに、後年は弟子を世界中に派遣して調査をさせました。こうして集めた膨大な植物を調べるうちに、多数の変種が存在することや別種間での雑種ができることに気づきます。聖書では、神がすべての命を完成形でつくったとされています。リンネは20代で著した『自然の体系』で「新しい種は生じない」と記していますが、その部分はのちに削除しています。

After HiraMeki 後！

リンネは膨大な情報を処理するなかで、生物は不変であるという当時の常識に疑問をもちます。聖書の教えと目の前の事象の間にどう折り合いをつけるか考えた結果、リンネは60代で著した『植物の体系』で「神は目（もく）をつくり、属・種は混合によって生じた」と記しました。この考え方とリンネが確立した生物の分類・整理の体系が、ダーウィンをはじめとしたのちの進化論の発展につながっていきます。

ビジネスで HiraMeki!

世界中から集められた膨大な量の生物を効率よく分類・整理し、キリスト教世界での常識にさえも疑問を投げかけたリンネ。現場の情報をまとめ上げることで、常識すら打ち破る手段が見つかるかも！

視点を変える！　＼今回のテーマ／ 植物学

見えないものを見えるようにする

光合成の発見（1779年）

ヤン・インゲンホウス（1730～1799年）

オランダの医師、博物学者。医師や薬剤師の家系に生まれ、ベルギーやオランダで医学を学び医師となる。1765年にイギリスへ渡り、大流行していた天然痘の予防接種に従事。患者の膿を接種する人痘接種で成功を収めた。1768年にウィーンのハプスブルグ家の人々にも接種を行ったことを機に、貴族の侍医や相談相手を務める。その後は植物や電気など、さまざまな分野での研究生活を送った。

Before HiraMeki 前！

悠々自適な研究生活を送る

天然痘の予防接種を成功させたよ

その功績によってマリア・テレジアの侍医に！

スゴ〜イ！

インゲンホウスはイギリスで天然痘の予防接種にあたり、多くの人々の命を救いました。その業績からウィーンに招かれ、宮廷で予防接種を行い大成功。マリア・テレジアの侍医となり、医師としての地位を確立したのち、さまざまな研究に着手しました。始めは磁気の研究をしていましたが、イギリス人科学者ジョゼフ・プリーストリーの実験を聞き、植物と空気について研究を始めたのです。

それは「植物は“きれいな空気”を出して、空気を浄化している」という実験です。まず密閉したガラス瓶の中でロウソクを燃やして「汚れた空気」をつくります。片方にはネズミを、もう片方にはネズミとミントを入れました。するとネズミだけのほうはすぐに死んでしまったのに対し、ミントを入れたほうはネズミが生き続けたのです。つまり、ミントが汚れた空気を浄化していると考えられたのです。

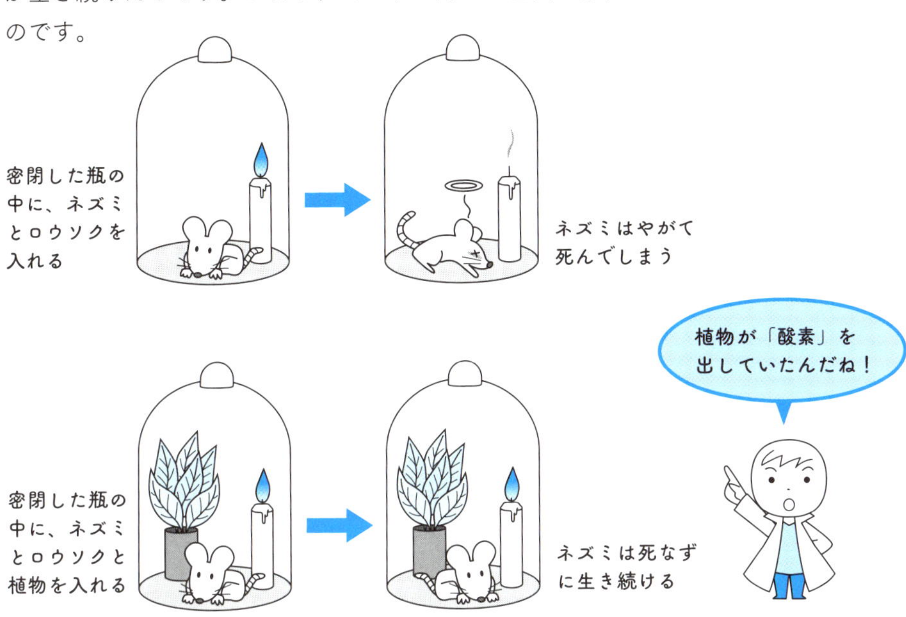

プリーストリーは「植物の呼吸によって、汚れた空気を浄化する何かが発生している」と考えました。そして1774年にその正体である「きれいな空気」を発見し、脱フロギストン空気（現在では酸素）と名づけました。しかし、植物の呼吸のしくみについては未解明の部分も多く残りました。インゲンホウスはこの理論を知り「植物が出しているきれいな空気とはいったい何なのか」、そして「空気を浄化するとはどういうことか」について知りたいと考えたのです。

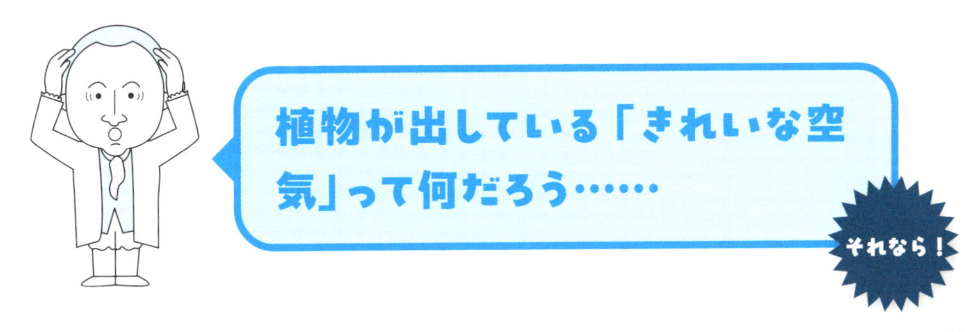

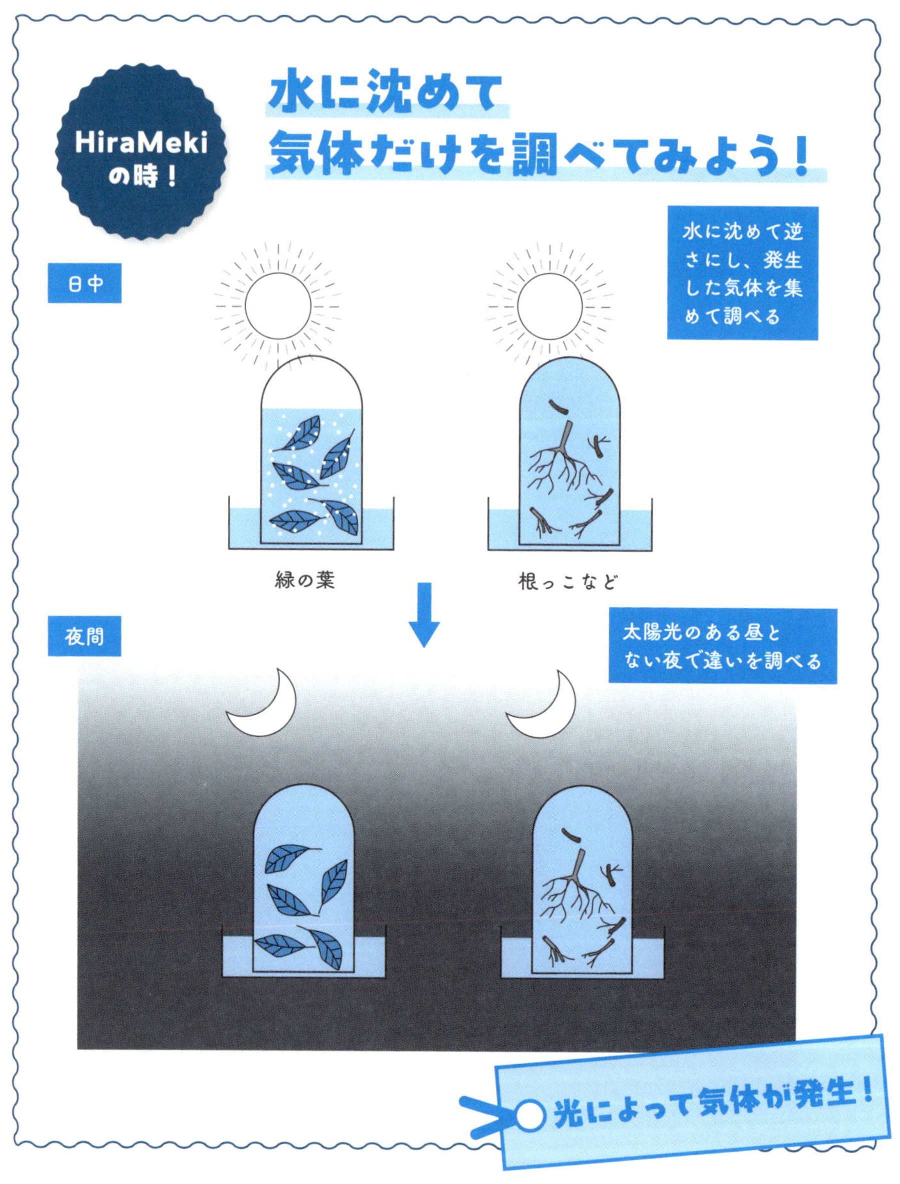

この実験でインゲンホウスは、植物の葉など緑色の部分から気泡が出ていることを確認します。植物の種類や水温を変えてみて気泡の量が変わることがあっても、結果は同じでした。また、それは昼間の太陽光があるときだけ起こることがわかりました。次に、集めた気体に火を近づけたところ、空気中よりもよく燃えたのです。つまり空気ではない、別の気体が植物から発生していることもわかりました。

では夜の植物はどういう状態なのか。次に、暗いところに置いた植物の瓶の中の気体に火を近づけると、火は小さくなり消えてしまいました。つまり「植物は光があるところでは葉の緑色部分できれいな空気をつくり、光がないところでは逆に空気を汚している」ということがわかったのです。こうして、光合成による酸素の発生と呼吸による二酸化炭素の発生を確認していたのでした。

暗いところで出る気体
→火を消す（呼吸）

明るいところで出る気体
→火を燃やす（光合成）

インゲンホウスにより、植物は光をエネルギー源として酸素をつくり出していることがわかりました。その後も多くの研究者たちにより、植物がどのように光を栄養に変えているか、動物との違いなどが明らかになっていきます。そして1893年、アメリカのチャールズ・バーネルによって、現在のわたしたちがよく知る「光合成」という言葉とその意味が定義されたのでした。

ビジネスでHiraMeki!

プリーストリーの実験を丁寧に再検証することで、新しい発見を導いたインゲンホウス。自らの専門分野に捕らわれず、自分なりの視点でどんどん首を突っ込んでみよう！

視点を変える！　＼今回のテーマ／ 発生学

ないなら自分でつくればいい！

白鳥の首フラスコ実験（1861年）

ルイ・パスツール（1822～1895年）

フランスの化学者、細菌学者。皮なめし職人の息子として生まれ、パリで化学の博士を取得。その後、大学の教授として化学を教える。1856年に醸造業者から「ワインが腐る原因を調べてほしい」と依頼され、発酵や微生物、細菌の研究を始める。低温殺菌法や狂犬病ワクチンの開発など、現在も活用されている技術を多く生み出した。ロベルト・コッホ（P170）とともに「近代細菌学の祖」と呼ばれる。

Before HiraMeki 前！

微生物は「新鮮な空気」があれば自然に生まれる？

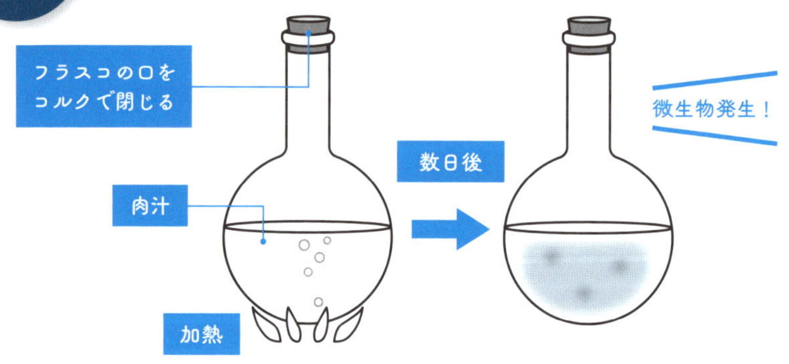

フランチェスコ・レディ（P54）の実験で自然発生説は再考されましたが、アントニ・ファン・レーウェンフック（P108）が微生物を発見し、議論は微生物の自然発生へと移ります。イギリスの生物学者ジョン・ニーダムは1748年、肉汁を入れてコルク栓をしたガラス瓶を、加熱沸騰させて数日放置しました。すると中に微生物が発生したことから、微生物の自然発生を主張したのです。

これに対してイタリアの生物学者スパランツァーニは、滅菌の不十分さや、コルク栓を通じて空気が出入りしていた可能性を指摘します。そして1765年に、肉汁を入れたあと、ガラス瓶の口を熱で溶かして密閉した装置を使い、同様の実験を行いました。すると微生物は発生しませんでした。それでもなお、ニーダムは「自然発生には活性のある新鮮な空気が必要だからだ」と強く反論したのです。

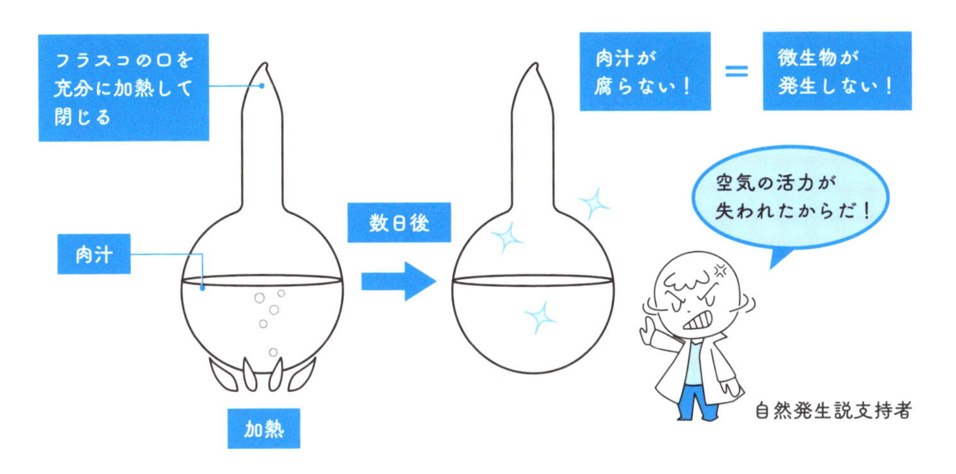

つまり加熱殺菌以外の方法かつ、微生物が含まれない新鮮な空気が入れる実験装置をつくらなければなりません。彼らの時代ではそれを解決できず、微生物の自然発生説は残り続けました。

それから100年近く経過。1859年にチャールズ・ダーウィン（P28）の『種の起源』が出版されて、生物の起源について議論が高まっていた時代です。1860年にフランスの科学アカデミーは、自然発生説論争に決着をつけた研究に賞金を出すことにしました。当時パスツールは、発酵や腐敗が微生物によるものという研究結果を出していました。そこで微生物がどのように発生するかについて、ニーダムやスパランツァーニらの実験を再検証することにしたのです。

加熱殺菌以外の方法で、過去の研究者たちが解明できなかった謎に取り組まないと……

それなら！

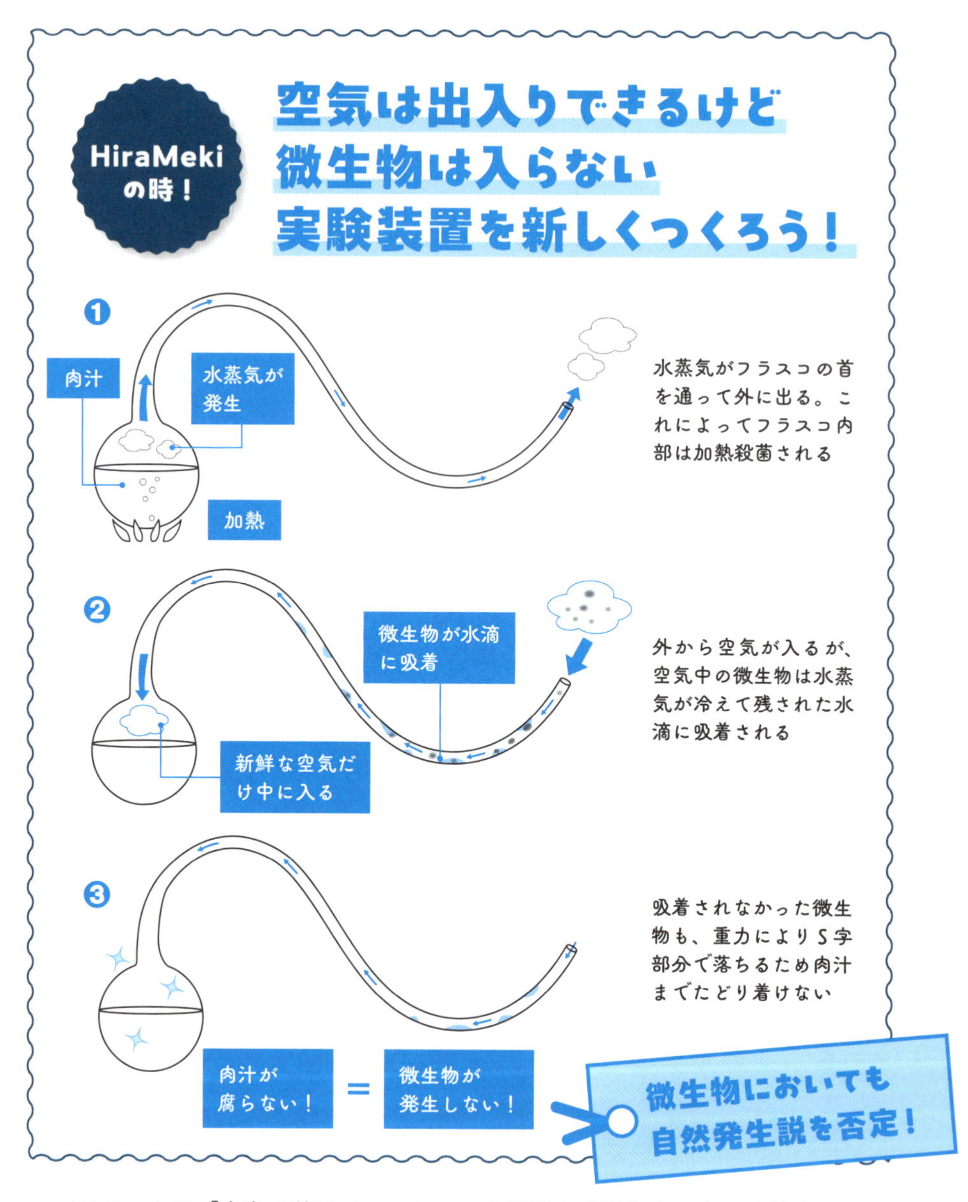

パスツールは「白鳥の首フラスコ」という装置を考案しました。肉汁を入れたフラスコの口を加熱して細く引き伸ばし、白鳥の首のように上と下に2か所のS字がある形に加工したものです。これを煮沸した後にゆっくり冷やすことで、内部を殺菌した後、微生物が含まれない新鮮な空気だけをフラスコ内の肉汁に届けることができます。その結果、肉汁に微生物は発生しませんでした。

さらに同じ装置を使い、ふたつの実験を行いました。ひとつは煮沸後に白鳥の首部分を切り落とします。すると、外からの空気が直接フラスコ内に入り、肉汁は腐敗しました。もうひとつは煮沸して冷えた後にフラスコを傾け、肉汁を白鳥の首内部に残る水滴に触れさせてみます。これも肉汁は腐敗し、途中の水滴に微生物が吸着されていたことが証明されました。このように、特別に設計した装置を使うことで「微生物も自然発生はしていない」ことが明らかになったのです。

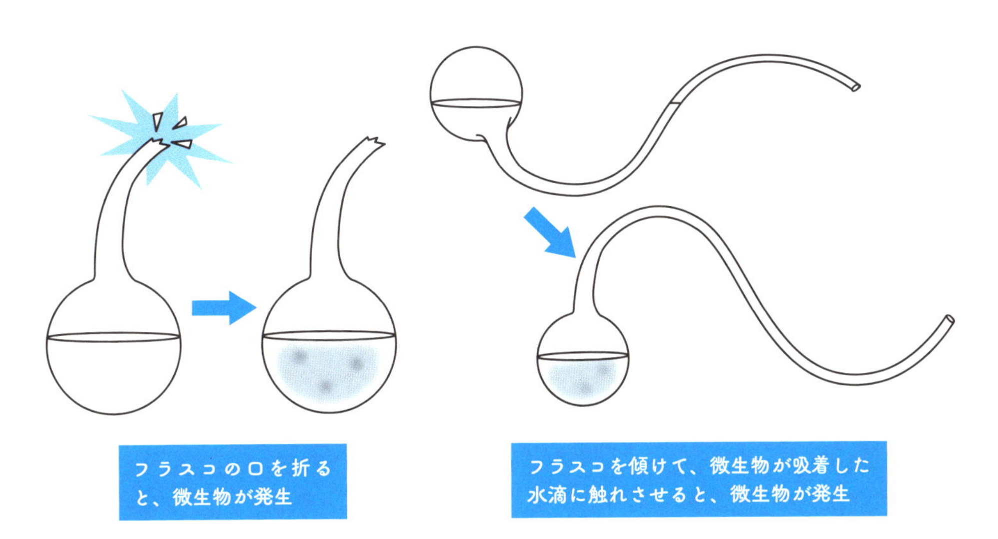
フラスコの口を折ると、微生物が発生
フラスコを傾けて、微生物が吸着した水滴に触れさせると、微生物が発生

After HiraMeki後！

こうして古代ギリシアから続く自然発生説論争は終わりを迎えました。しかし自然発生しないなら、地球上の生物はいったいどうやって生まれたのでしょうか。生物学は生命の誕生という新たなテーマに向かっていきます。パスツールは、ほかにも細菌や微生物と人間とのかかわりについてさまざまな研究を行い、数多くの功績を残しました。そして1888年、パリにパスツール研究所がつくられたのです。

ビジネスでHiraMeki!

それまで多くの研究者たちが残してきた結果や考察を、独自の実験装置で確かなものにしたパスツール。先人の努力を実らせるのはあなたかもしれない！

視点を変える！　＼今回のテーマ／ 医学

遊びのなかからヒントを得る

破傷風菌の純粋培養（1889 年）

北里柴三郎（1853 ～ 1931 年）

細胞学者。1852 年、肥後国（熊本県）で庄屋の家に生まれた。両親の強い勧めで熊本医学校に入学。そこでオランダ人教師マンスフェルトに出会い、本格的に医学の道を志す。1885 年ヨーロッパへ留学。1889 年破傷風菌の純粋培養に成功。1890 年にはベーリングと共同で「血清療法」を発表。1914 年北里医学研究所設立。ロベルト・コッホに師事。

Before HiraMeki 前！

致死率 80％の破傷風

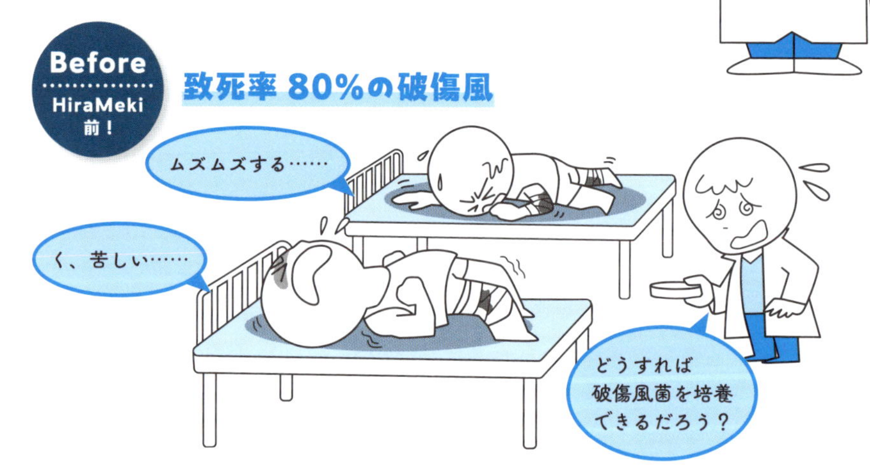

1870 年代初頭のドイツとフランスの戦争では兵士の 3 分の 1 が破傷風にかかり、その多くが亡くなりました。破傷風は、痛みをともなうけいれん発作を繰り返す病気です。当時の死亡率は約 80％と極めて高く、不治の病として恐れられていました。1884 年ドイツの内科医アルトゥール・ニコライアーは破傷風菌を発見しましたが、純粋培養はできませんでした。ドイツの学者カール・フリュッゲが「純粋培養は絶対にできない」と論文で発表したほどだったのです。

北里はドイツに留学中、破傷風菌の純粋培養の研究で煮詰まっていました。気晴らしにと、友人がホームパーティーに招きました。気乗りしないまま参加した北里でしたが、友人の彼女が料理中に蒸し器のフタを開けて、蒸し物に串を刺している姿を見かけたのです。不思議に思った北里が、何をしているのかを尋ねたところ、「中まで火が通っているか確かめているの」と答えました。

それを聞いた北里は、少年時代に自身が破傷風にかかったときのことを思い出しました。感染のきっかけは、古いクギを足の裏に刺してしまったことでした。北里少年は幸い軽症ですみましたが、炎症は皮膚の表面ではなく、奥のほうで進行していたのです。この経験を踏まえて、北里は改めて純粋培養の方法を考えてみることにしました。

培養基のゼラチンに菌を植えつけると、ほかの菌はゼラチンの表面で増えるのに、破傷風菌だけはゼラチンの深部で増えることに注目しました。この結果は、破傷風菌が酸素を嫌うことを示しています。さらに70～80℃にすると、破傷風菌だけが生き残ることにも気づきました。この結果をもとに、北里は酸素を遮断して純粋培養するための、オリジナルのガラス器具を考案しました。「亀の子シャーレ」と北里が名づけたこの器具は、培養皿とフタを一体化させて側面の対角に細い管をつけた、亀の甲羅のような形をしています。このシャーレに水素ガス発生装置をつなげて、シャーレの中の空気を水素ガスで置換し、破傷風菌の純粋培養を成功させたのです。

さらに北里は、破傷風が菌の出す毒素によって起こることを突き止め、微量の毒素をネズミに注射する実験を行いました。液の量を少しずつ増やしながら注射を繰り返すと、強力な毒素を注射しても耐えられるようになりました。このネズミの血液は毒素を抑えるはたらきがあり、北里はこれを「抗毒素」と名づけ、のちに破傷風の血清療法を確立しました。

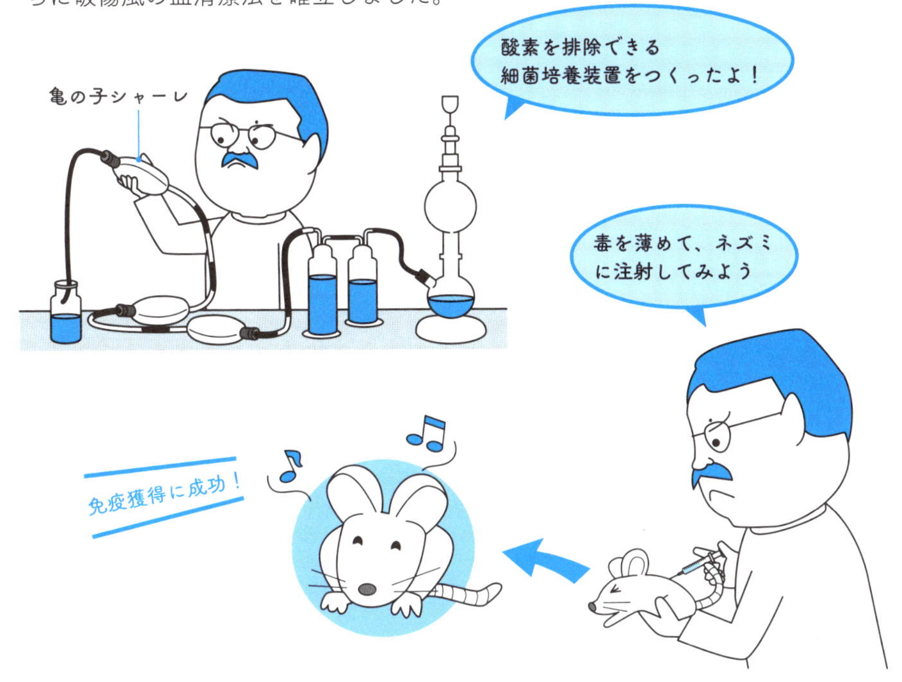

After HiraMeki後！

「血清療法」は、現代でもさまざまな病気の治療に用いられています。1950年の破傷風患者は2000人ほどで、そのうちの81％は死亡していました。しかし2000年には、患者数が100人弱となりました。現在、破傷風による致死率は10～20％ほどに低下しました。これは北里の純粋培養成功のおかげといえます。

ビジネスでHiraMeki!

ドイツ料理をヒントに、破傷風菌の純粋培養に成功した北里。遊びがヒントになることもあるかも！

視点を変える！　＼今回のテーマ／ 医学

発見を大発見につなげる

染色体説の提唱（1903年）

ウォルター・サットン（1877～1916年）

医学の道に進む準備として生物科学を専攻。大学院では減数分裂による染色体の分離を詳細に観察し、染色体がメンデルの法則に従って受け継がれていく「染色体説」を提唱した。その後、進学のための資金集めに2年ほどカンザス州の油田で現場監督として働き、数々の発明を生み出したのち、医学部の大学院へ進学し直し、博士号を取得する。外科医としてさまざまな先進的な治療法を発明するなど活躍したが、39歳の若さで死去した。

Before HiraMeki 前！

染色体と遺伝子って関係あるの？

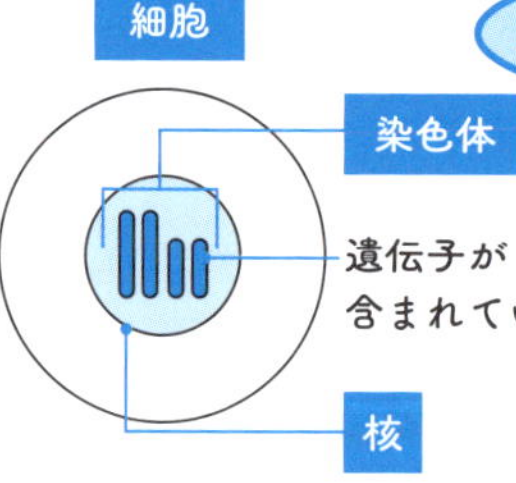

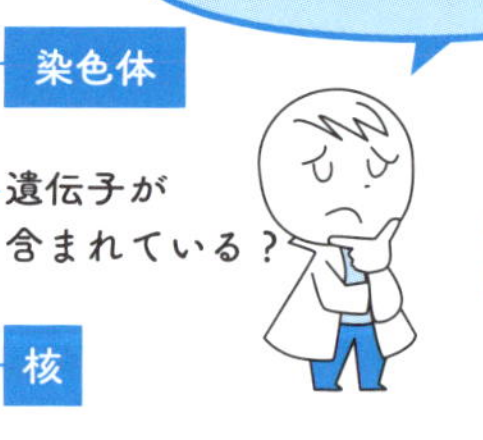

サットンが活躍する1900年代初めは、遺伝子が次世代へ受け継がれていくしくみを分子レベルで説明する機運が高まっていました。細胞の核内に、染色体や遺伝物質が存在することが指摘され、それらの重要性に注目が集まり始めていました。さらに、40年前に発表されたメンデルによる「遺伝の法則」が再発見されました。「メンデル遺伝」と「遺伝子」「染色体」という、一見かかわりのないものに見えるこれらを、ひとつにまとめて説明することをサットンは試みることになります。

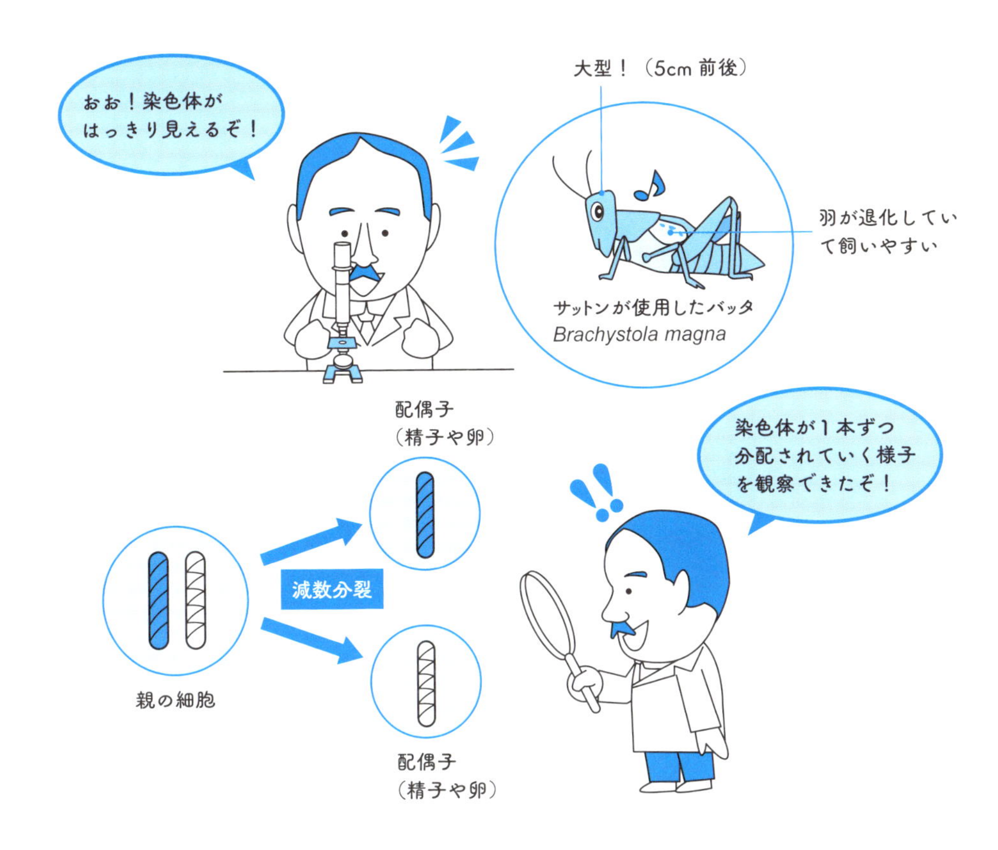

サットンは、染色体が大きくはっきり観察ができるバッタの生殖細胞を用い、オスの細胞にある染色体が、精細胞へ分配されていく様子を詳細に観察することに成功しました。当時、遺伝子については実態もわからず、染色体とのかかわりもよく知られていませんでした。研究を進めていくうちに、サットンは染色体上に遺伝子が存在すると説明がうまくいくことに気づきます。

この染色体の分離は
「メンデル遺伝」に従うのでは……

そうか！

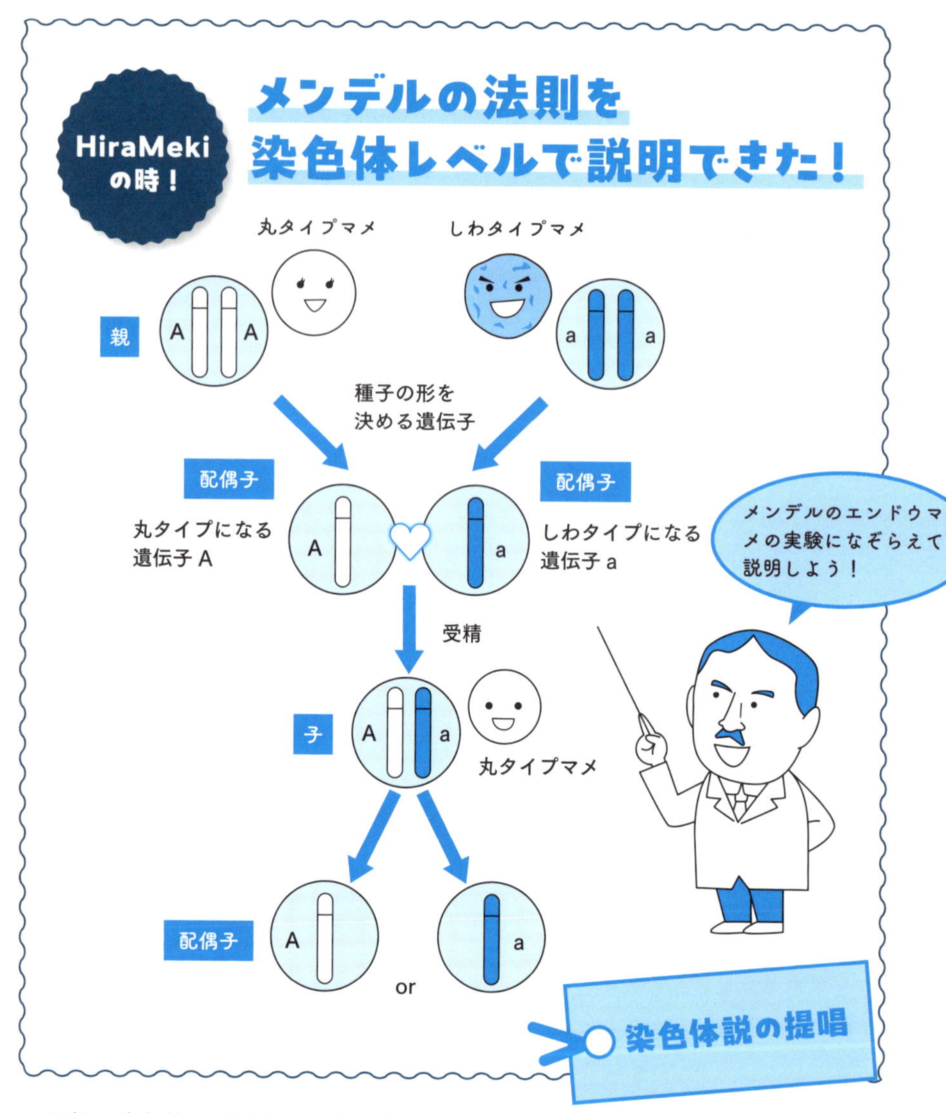

両親の染色体が受精卵へ分配されていく際に、染色体に存在する遺伝子も子へ分配されていくことは、今や生物学では常識とされています。この常識となる知見を、彼はわずか20代半ばの大学院生時代で発表したことになります。しかしこの考えは、当時の科学界ではなかなか受け入れられませんでした。事実、サットンが所属する研究室のボスのウィルソンは、サットンの話を聞いて、「当時は彼の概念をすぐには完全に理解できず、その重みも十分には理解できなかった」と述べているくらいです。

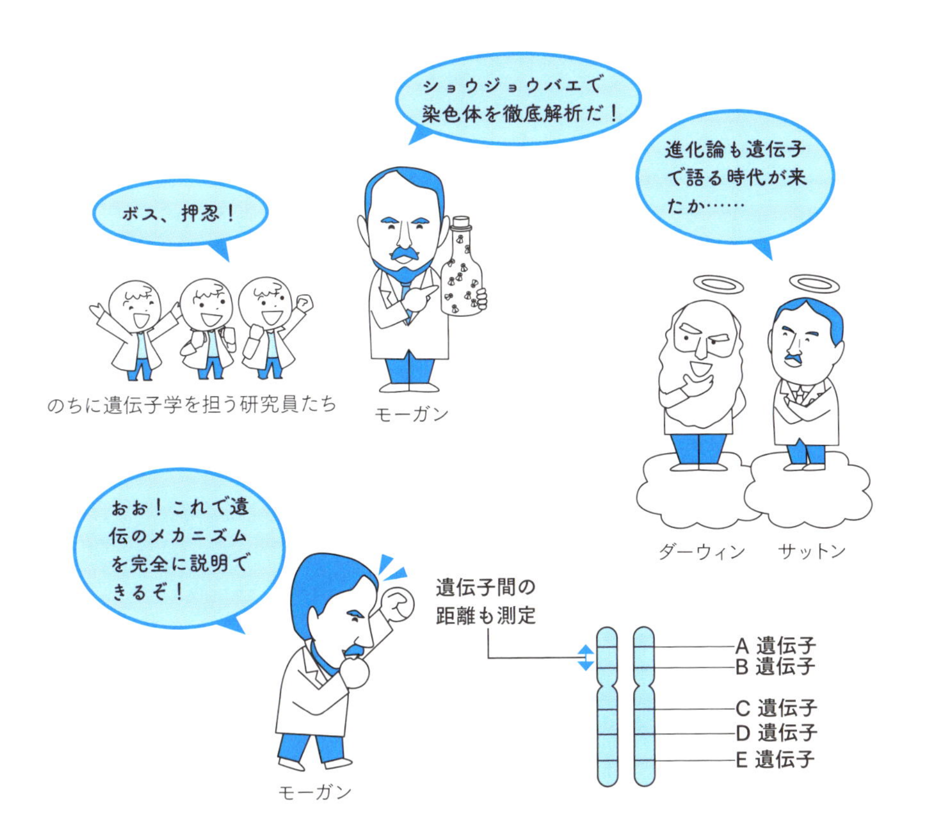

After HiraMeki後！

19世紀半ばにグレゴール・ヨハン・メンデル（P166）によって発見された遺伝の法則はサットンに受け継がれ、より詳細に説明できるようになりました。サットンの染色体説は、トーマス・ハント、モーガンらによるショウジョウバエの染色体地図の作成をもって完成します。彼らが積み上げた知見は、チャールズ・ダーウィン（P28）から始まる進化論を分子レベルで説明することを可能にしただけでなく、現代の遺伝子工学を支える基礎となっています。

ビジネスでHiraMeki!

自らの発見と既知の知見をうまくつなげることで、他人が予想できない成果を残したサットン。今ある情報をじょうずに使い、新しい視点で捉えることで創造を生み出していこう！

視点を変える！　＼今回のテーマ／ 分子生物学

逆のほうから考えてみる

一遺伝子一酵素説の提唱（1941年）

ジョージ・ビードル（1903～1989年）

アメリカの遺伝学者。家業の農家を継ぐことを期待されながらも、高校の先生の勧めでネブラスカ大学農学部へ。さまざまな研究機関で遺伝学研究者として務めたのち、シカゴ大学学長となる。

エドワード・テータム（1909～1975年）

アメリカの遺伝学者。大学教授の父をもち、ウィスコンシン大学で微生物の生化学について博士号を取得。研究者としてキャリアを積んだのち、多くの科学雑誌の編集委員も務めた。

結局、遺伝子って何をしているの？

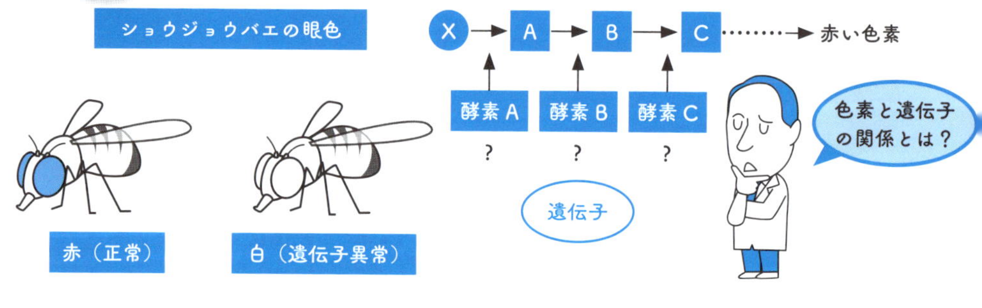

ビードルは、ショウジョウバエの染色体地図を作成したトーマス・モーガンの研究室で、遺伝子によって決まる形質と、遺伝子の影響によって生体内ではどんな物質がどのようにつくられていくかを研究していました。ここで使われていたのはショウジョウバエです。ショウジョウバエの複眼は通常は赤色ですが、白色や朱色などの突然変異が多くあります。この目の色の違いと遺伝子との関係を調べていました。

ビードルは突然変異体から複眼になる組織を取って通常体に移植し、何色の複眼になるかを調べました。すると変異体からもってきた組織でも、通常と同じ赤色になったのです。つまり、ショウジョウバエの体内には赤い色素がつくられる化学反応があること、そして突然変異体ではその反応の途中で何か異常を起こす原因があって、赤い色素が完成しないということがわかりました。しかしショウジョウバエの生体内化学反応は複雑で、遺伝学が専門だったビードルは研究に行き詰ってしまいます。チームに生化学の専門家が必要となり、求人を出すことにしました。

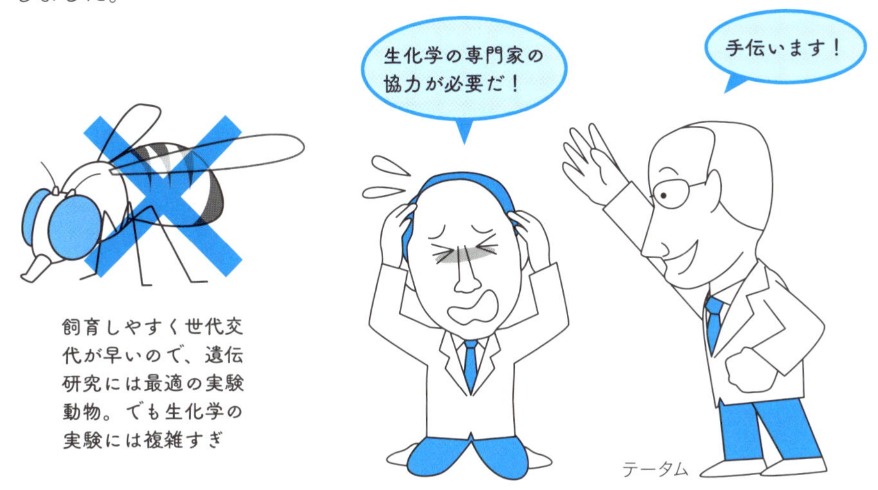

細菌の生育と生化学反応を研究していたテータムは、この求人を知ります。研究室の教授はもっと給料のよい別の仕事を勧めましたが、テータムは研究意欲がよりそそられるビードルの研究室に入ることにしました。ふたりは目の色を決める化学反応とそこにかかわる酵素を調べていき、「多くの遺伝子は、酵素か酵素を構成するタンパク質を生産している」と学会で発表しました。しかし、それ以上の詳しいしくみを、ショウジョウバエで調べるのは非常に複雑で困難だったのです。

ある日テータムは、授業で微生物の栄養要求性に関する反応過程や、必要な酵素を板書していました。栄養要求性とは、通常は体内で合成できる栄養素のはずが、それに必要な酵素を生産できなくなる微生物の突然変異のことです。そのため、突然変異を起こした微生物は、特定の栄養を添加した培地でないと育たなくなります。それを見たビードルは「これだ！」とひらめきました。反応の過程と生産される物質がすでにわかっているなら、突然変異個体に欠けている遺伝子を見つけることで、その遺伝子がかかわっている酵素は何かという特定ができます。そこで選ばれたのが、栄養要求株のあるアカパンカビでした。

まず突然変異体をつくるために、アカパンカビに放射線を照射します。しかしそれは初の試みで、本当に成功する保証はありません。そこでふたりは最初に「5000サンプルやってみてダメだったらやめよう」と決めました。しかし、299サンプル目で目的の突然変異体を得ることができたのです。こうしてさまざまな栄養要求性の突然変異体をつくり、それらが何の酵素を生産できていないかを調べました。そうすることで酵素の産生に関連する遺伝子を特定していくことができたのです。

突然変異体X（アルギニン要求株）

通常の培地	オルニチン添加	シトルリン添加	アルギニン添加
生育しない	生育しない	生育しない	生育する

アルギニンの生合成過程

After HiraMeki後！

ふたりは数か月後には論文を発表。共同研究者のノーマン・ホロウィッツが、この考えをのちに「一遺伝子一酵素説」と名づけました。この成果により、遺伝子が生体内の機能に直接かかわっていることが明らかになり、また酵素などタンパク質をつくるための設計図になっているのではという考えが生まれたのです。この後、遺伝学の分野では遺伝子の正体を探る研究へとつながっていきます。

ビジネスでHiraMeki!

ビードルとテータム、ふたりの異なる分野の研究者がタッグを組んだことが、新発見へとつながった。分野違いの人とコラボすることで、まったく新しい道が開けるかも！

視点を変える！　＼今回のテーマ／ 分子生物学

地道に何度も検証してみる

遺伝子の本体がDNAであることを解明（1944年）

オズワルド・セオドア・エイブリー（1877～1955年）

カナダ生まれ、アメリカ人の医師。牧師の家に生まれ、10歳のときにニューヨークへ移住。コルゲート大学で人文学を修めた後、医学に転向。コロンビア大学で医学を学び内科医となった。1907年に研究の道へ進み、ホーグランド研究所、ロックフェラー研究所で70歳の定年まで微生物や細菌の研究を行った。学生からは「教授（プロフェッサー）」や、略した「フェス」の愛称で親しまれた。

Before HiraMeki 前！

親から子に伝わる「何か」は、染色体にある！

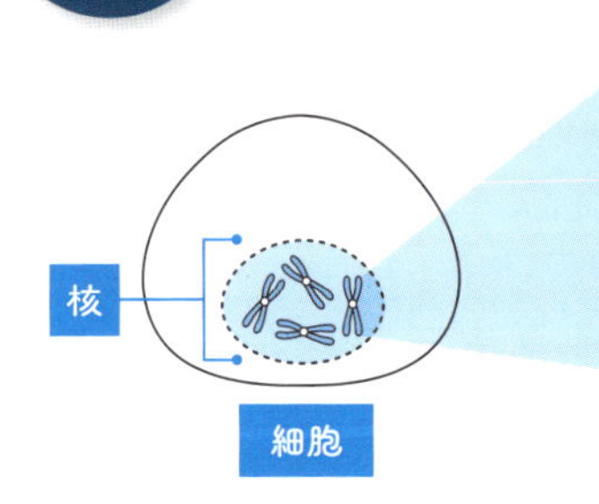

1869年にフリードリッヒ・ミーシャが初めてDNAを分離して以降、「遺伝を司るもの」の研究が盛んに行われました。そのなかで①形質は親から子に遺伝子により伝わる。②遺伝子は核内の染色体上にある。③染色体はタンパク質と核酸（DNA）でできている。というところまで判明しました。次に「形質を伝えているのは、タンパク質か？ DNAか？」が議論となりましたが、当時はタンパク質だと考える研究者が大多数でした。DNAよりもタンパク質の構造のほうが複雑で種類も多く、より多くの情報を含むことができると考えられたからです。

このように遺伝物質の解明が進められるなか、イギリスの医師フレデリック・グリフィス（P182）は、肺炎の治療をしていてあることに気づきます。それは肺炎双球菌にはいくつかの型があり、それぞれの菌において、途中で型が変化する可能性があるということでした。そこで病原性があるS型菌と、病原性がないR型菌を使って実験を行いました。すると、煮沸して殺菌したS型菌をR型菌に混ぜると、R型菌が病原性をもつということがわかったのです。

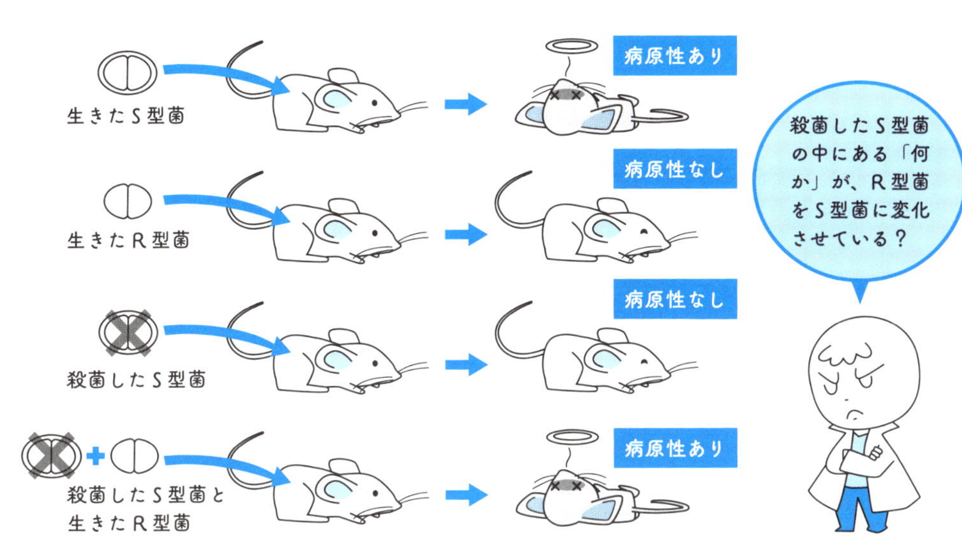

S型菌は鞘で覆われツルツルしていて、免疫細胞に捕獲されにくい形をしています。いっぽうR型菌は鞘をもっておらず、免疫細胞に捕まりやすく発症に至りません。そこでグリフィスは、死んだS型菌を混ぜたことで、R型菌も鞘をつくれるように変化したのだと考えました。つまり「煮沸しても残っていたS型菌内の何らかの物質」がR型菌に作用したと推測したのです。グリフィスはこの現象を「形質転換」と名づけ、原因となる物質は「熱に強い」ということを示唆しました。

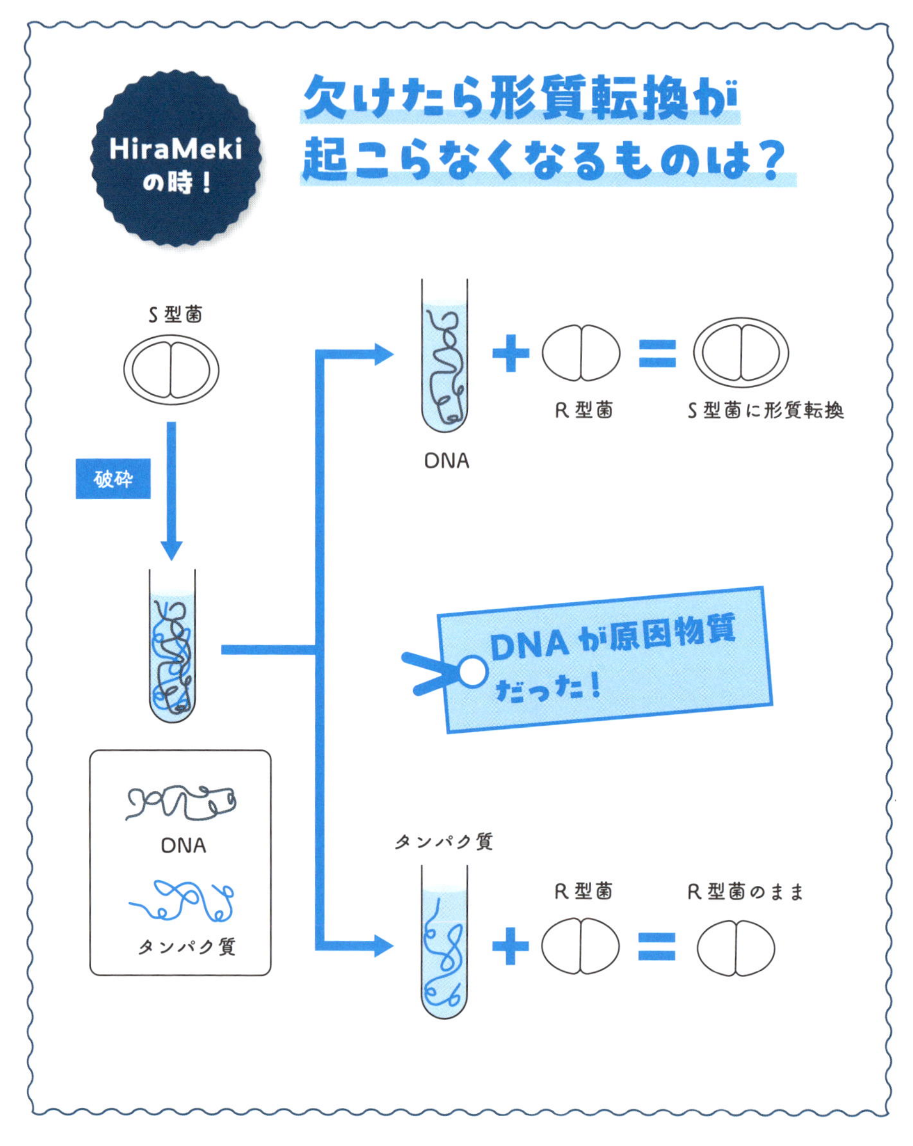

肺炎双球菌の研究をしていたエイブリーは、グリフィスのこの実験に触発され、「形質転換を引き起こす物質」の解明を始めました。まずS型菌のタンパク質抽出液と、DNA抽出液をつくります。それらをR型菌に混ぜてみました。するとDNA抽出液を混ぜたR型菌は、鞘をもつS型菌に形質転換したのです。タンパク質抽出液のほうは変わらず、鞘のないR型菌のままでした。つまり、タンパク質ではなくDNAこそが、S型菌の情報をR型菌に伝えた「遺伝子の正体」だと判明したのです。

しかし、ここまでの道のりは、決して平坦なものではありませんでした。グリフィスはマウスに菌を注射して実験を行っていましたが、数多くのサンプルで検証するため、試験管内で実験を行えるようにしました。しかしR型菌は不安定で扱いにくかったり、S型菌の混入を完全に防ぐ必要があったりと、実験手法において多くの課題がありました。それをチームの研究者たちがひとつずつ解決していきながら、16年もかけて検証を重ねたのです。それにもかかわらず、当時の研究者間では「遺伝子の重要な部分はDNAではなくタンパク質だ」という考えが根強く、エイブリーの論文がすぐに脚光を浴びることはありませんでした。

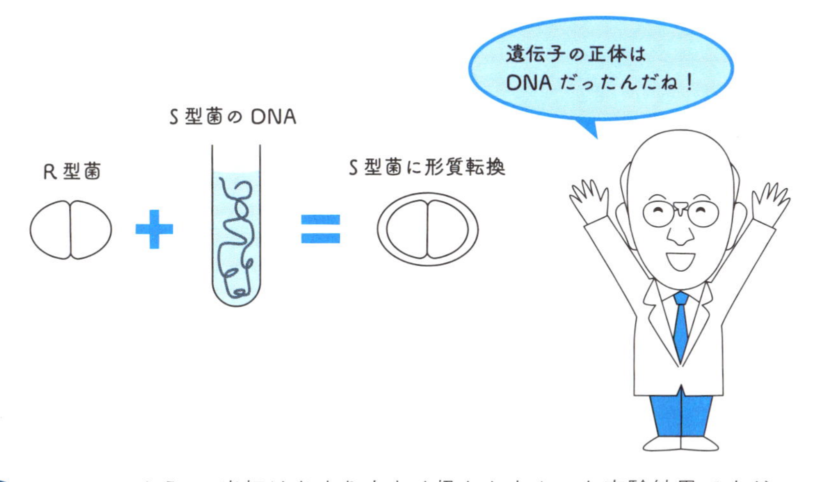

After HiraMeki後！

このように、当初はあまり大きく扱われなかった実験結果ですが、論文を読んだ何人かの研究者は大きな感銘を受け、さらなる追及を始める引き金となりました。それがアルフレッド・ハーシー（P36）やエルヴィン・シャルガフ（P132）、ジェームズ・ワトソン（P136）といった、のちの分子生物学の基礎をつくりあげた研究者たちです。エイブリーの研究成果は、ノーベル賞授与に値するものだったとのちに評価されています。

ビジネスでHiraMeki!

当時、影響力が強かった別派の研究者グループの存在もあり、すぐに評価されなかったエイブリー。でも身近な協力者たちとともに地道に進めた努力は、いつか必ず実を結ぶ！

視点を変える！　＼今回のテーマ／ 生態学

徹底的に観察して固定観念を覆す

すみわけ理論の提唱（1949 年）

今西錦司 （1902 ～ 1992 年）

日本の生態学者。京都の西陣織老舗の長男として生まれたため「錦司」と名づけられるが、家業を継がずに学者となる。実家が裕福だったため、56 歳までは無給で研究を続けた。登山と釣りが趣味。京都大学霊長類研究所の発足に携わった。

Before HiraMeki 前！

人間は特別な存在か？

動物と人間は
まったく異なる
存在だ！

キリスト教世界では、人間はほかの動物とは明確に異なる存在とされ、動物たちのリーダーとされていました。西欧諸国から広まった「科学」は根本的にキリスト教的な考え方が強かったため、動物と人間を同一視する考え方は科学的ではないものとして強く忌避されていました。

ダーウィン進化論よりあと、適者生存の考え方が科学者の間で常識となっていました。動物たちはよい縄張りを争い奪いあい、強いものが生き残ると考えられていました。しかし、常日頃から釣りや山歩きなどで自然を観察していた今西は、動物が日常的に争っていないと感じ、これに疑問をもちます。

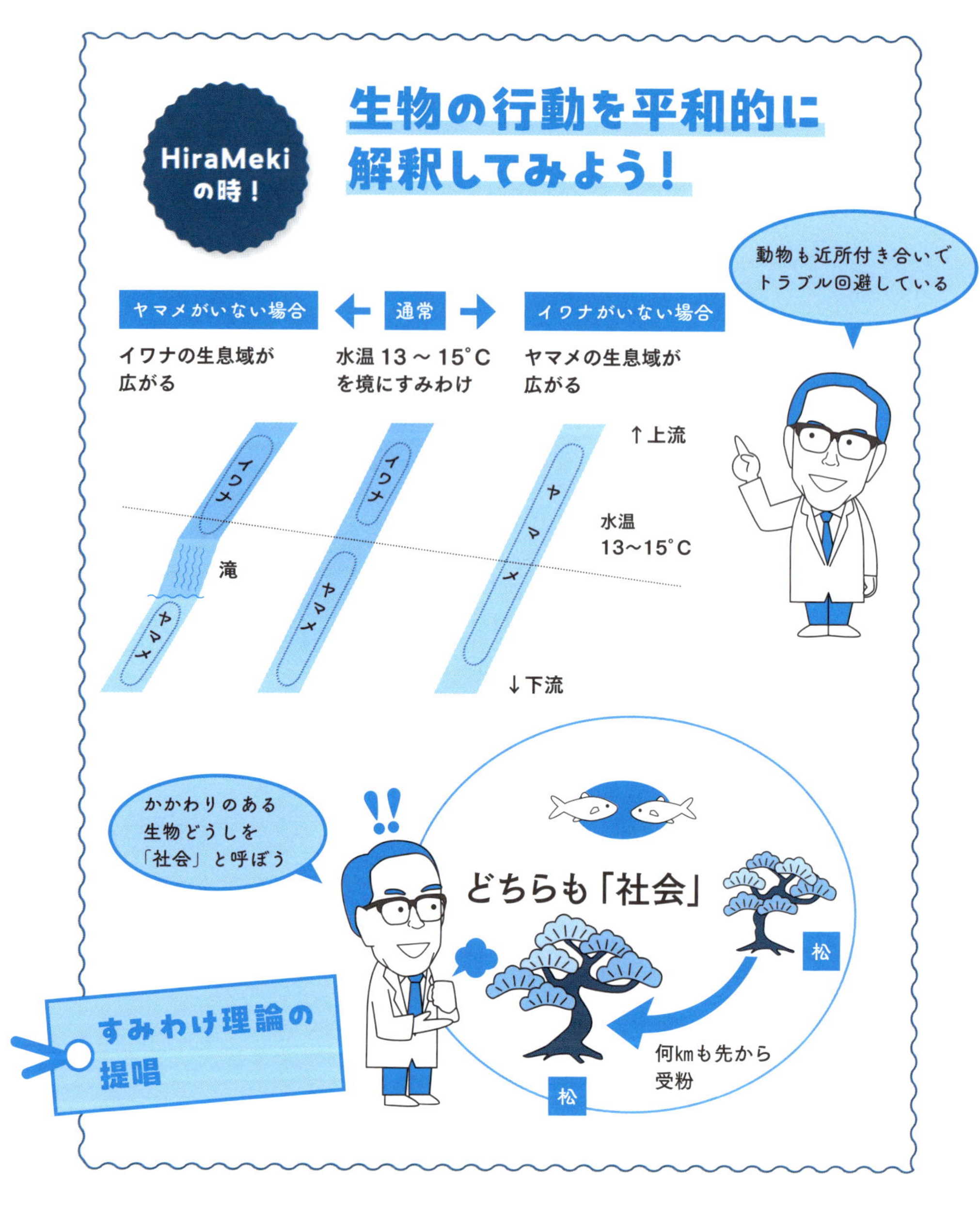

今西は、生物は最初から争わずに生きていけるよう「すみわけ」をしていると考えました。また、それまで空間的な近さだけで捉えられていた「生物の社会」を「個体どうしがかかわれる範囲」と定義し直し、群れや縄張りの近接だけでなく、数km先からの受粉も「社会」としました。

今西は京都大学霊長類研究所の発足にも携わりました。サルの社会の分析を、人間社会の成り立ちを探るために必要なものと考えたため、世界に先駆けてサルに名前をつけて観察を行いました。今西はある日、一匹のサルがイモを水で洗う行動を観察しました。さらに、その行動が群れの中に広まることを確認し、これを「文化」と捉えます。今西は後続の研究者に積極的に英語での論文発表をさせたため、動物にも人間と同じような社会や文化があるという考え方は、徐々に西欧の研究者の間にも広まりました。

生存に関係のない
イモ洗いが流行

動物にも
「文化」がある！

After HiraMeki後！

今西の考えは、「人間も動物の一種である」という体感と、豊富な自然観察の経験に基づくものでした。ただ、データをもとに考察する形ではなかったことと「生物は常に争いを避けて共存する」という極端な思想であったことから、今日でも批判されることがあります。しかし、今西が示した動物観は、それまで見えなかった世界を示す足がかりになりました。現在では、旧来の考え方と今西の考え方、どちらも取り入れて動物の行動が研究されています。

ビジネスで HiraMeki!

東洋的な自然観をもちながら、欧米が科学の主流であると冷静に見定め、弟子たちに英語を使わせた今西。相手に合わせた形を使うことで、考えや商品をより広めることができる！

視点を変える！　＼今回のテーマ／ 系統分類学

見た目よりも行いを重視

五界説の提唱（1959年）

ロバート・ホイッタカー（1920～1980年）

アメリカの生物学者。専門は植物生態学、植生分布の環境傾度分析の手法を確立、極相パターン説の提唱など、分類・多様性に関する研究を数多く残している。マーギュリスらとともに五界説の考えを発展させた。

Before HiraMeki 前！

動物でも植物でもない生物ってなーんだ？

動物と植物を異なるものとする考えは古代ギリシア時代から存在していました。ジャン＝バティスト・ラマルク（P116）がこれらをまとめて「生物」として扱うことを提唱したため、動物と植物は分類体系の上位に位置づけられるようになりました。しかし、微生物、単細胞生物、菌類（キノコ・カビ）、原核生物の研究が進むにつれて、動物でも植物でもないこれらをどう分類するかが課題になっていきました。また、生物の分類はおもに外見の特徴をもとに行われていたため、小さな生物の種類は多く、分類が非常に困難でした。

「小さな生物の分類」問題には多くの研究者が頭を悩ませました。ジョン・ホッグは小さな生物を「プロチスタ」と総称しました。エルンスト・ヘッケルはそれらをひとつの界として「プロチスタ界」を提唱しました。しかし、これらは「小さな生物の分類」を一時保留にする考えでもありました。肉眼で見える菌類や藻類なども、分類方法が定まっていませんでした。とくに菌類については、明確な分類が決められていないままでした。

動物でも植物でもない生物が多すぎる。別の視点で分類しなければ……

それなら！

ホイッタカーは、栄養摂取の方法が重要だと考え、摂食する「動物」、光合成を行う「植物」、自身の表面で栄養を吸収する「菌」に分類しました。菌という分類群を設けたのは、これが初めてでした。残りの小さな生物は、真核生物である「原生生物」と、原核生物である「モネラ」に分け、生物を動物・植物・菌・原生・モネラの五つの界に分けることを提唱しました。

これまでの動物・植物を基準とした分類とはまったく異なるものを、ホイッタカーは提唱しました。ホイッタカーは、これが分類だけでなく進化の理解にも重要だと考え、リン・マーギュリス（P44）とともにさらに発展させていきました。

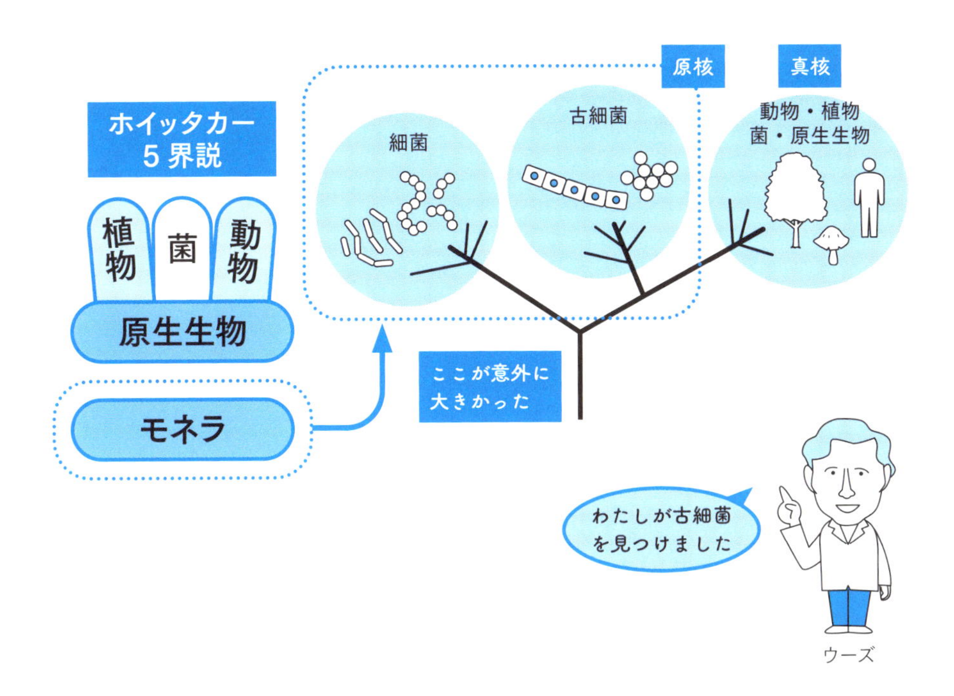

After HiraMeki後！

1977年にカール・リチャード・ウーズ（P214）によって古細菌が発見されたことを契機に、界より上の「ドメイン」という考え方が導入されました。生物分類の研究が進むなかで、八界説なども提唱されました。現在では、界という階級そのものが使われなくなりつつあり、「スーパーグループ」という分類体系が生まれています。しかし、これらの考え方は、五界説からの知見が基礎となっています。

ビジネスで HiraMeki!

古くからの考えに縛られず、まったく新しい視点からの分類方法を提唱したホイッタカー。別方向からものを見ることで、画期的なアイデアが出るかも！

視点を変える！　＼今回のテーマ／ 生態学

数字でとらえると うまくいく

包括適応度の提唱（1964年）

ウィリアム・ドナルド・ハミルトン（1936～2000年）

イギリスの理論生物学者。エジプトのカイロで生まれ、イギリスのケント州で育つ。幼い頃から昆虫や進化に興味をもち、ケンブリッジ大学に進学後、フィッシャーの集団遺伝学に出会う。大学院生時代に調査のために訪れたアマゾンに惹かれ、生涯で何度も訪れた。子どもの頃に手りゅう弾で遊んでいて指数本を失ったが、成長してからも命知らずな性格は変わらなかった。

Before HiraMeki 前！

自分以外をサポートする「利他行動」に何の得があるの？

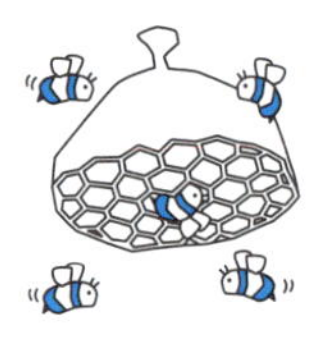

子孫を残さない形質が、なぜ次世代へ受け継がれていくのか……？
ダーウィン

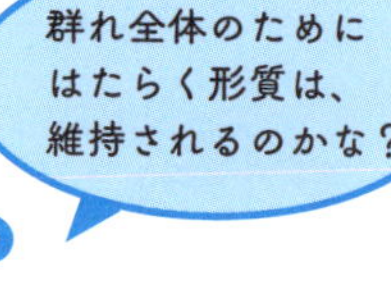

群れ全体のためにはたらく形質は、維持されるのかな？

チャールズ・ダーウィン（P28）が「自然選択」を提唱して以来、自分の子孫を多く残しやすい形質や行動が代々伝わると考えられていました。しかし、自身の繁殖を後回しにしてほかの個体を手助けする「利他行動」も、自然界で少なからず観察されていました。働きバチが自身では産卵せず女王バチの世話をする社会性昆虫のシステムは、ダーウィンをもってしても説明困難な例でした。「群れ全体の利益のために働く」という説明（群選択）も存在しましたが、群れとは何かという点で曖昧なものでした。

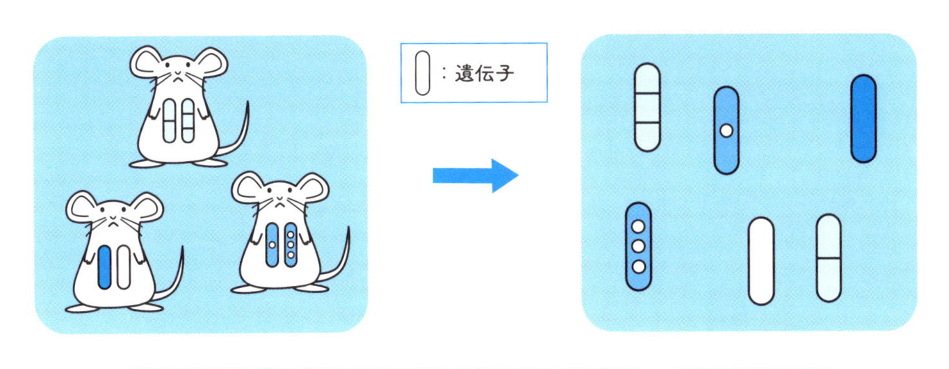

個体識別せず、集団を遺伝子のまとまりとして見る ＝ 遺伝子プール

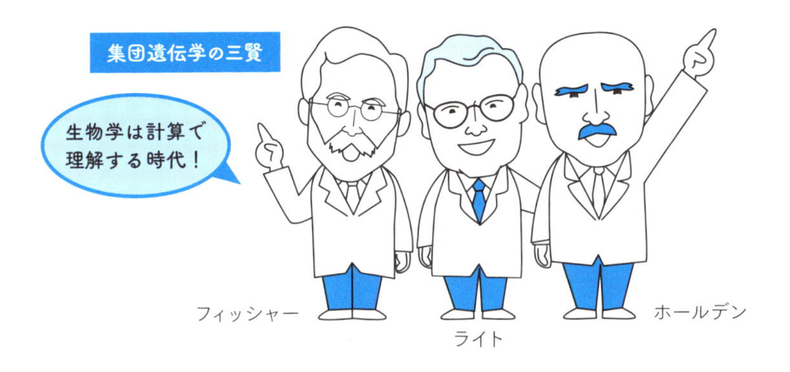

20世紀中頃、フィッシャーをはじめとする研究者が「遺伝子プール」の考え方に基づく「集団遺伝学」に取り組み始めました。統計や確率の手法を多く取り入れた画期的な研究手法でしたが、当時は斬新すぎて広く受け入れられず、「生物学ではなく統計学」などといわれていました。学生時代のハミルトンはフィッシャーの「自然選択の遺伝学的理論」を読み、数学を用いて生物界の事象を説明することに強い興味をもち、自ら積極的に学びました。

自分の子どもを増やしたいのではなく、自分と同じ遺伝子を増やしたいのではないか……

それなら！

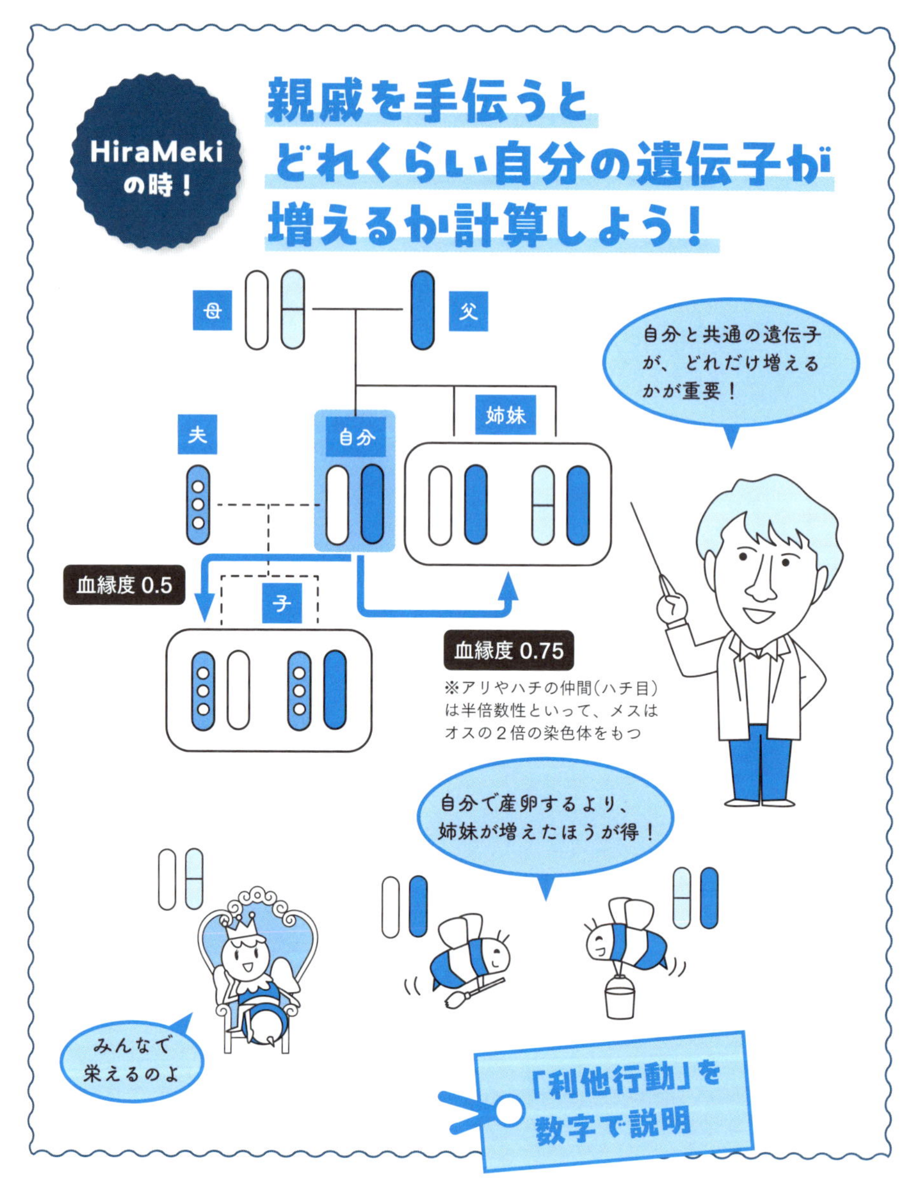

親戚を手伝うとどれくらい自分の遺伝子が増えるか計算しよう!

HiraMekiの時!

ハミルトンは、社会性昆虫の働きバチ、女王バチ、雄バチそれぞれがもつ遺伝子を比較し、共通する遺伝子の数を計算しました。その結果、働きバチは自分で産卵するよりも、女王に産卵させるほうが自分に近い遺伝子が増えることがわかりました。子を産むより、サポートに徹するほうが得だったのです。これにより、ダーウィン以来の謎だった、利他行動を数学で説明することができました。

社会性昆虫以外の生物でも、利他行動の理論に適合するさまざまな事例が発見されました。ハミルトンはほかにも「赤の女王仮説」や「性選択」など、今日の生態学でも重視されている多くの学説を残しました。下図は性選択説の一例で、寄生虫に耐性がある、綺麗なトサカをもつオスのニワトリがメスから好かれやすく、子孫を残しやすくなるというものです。

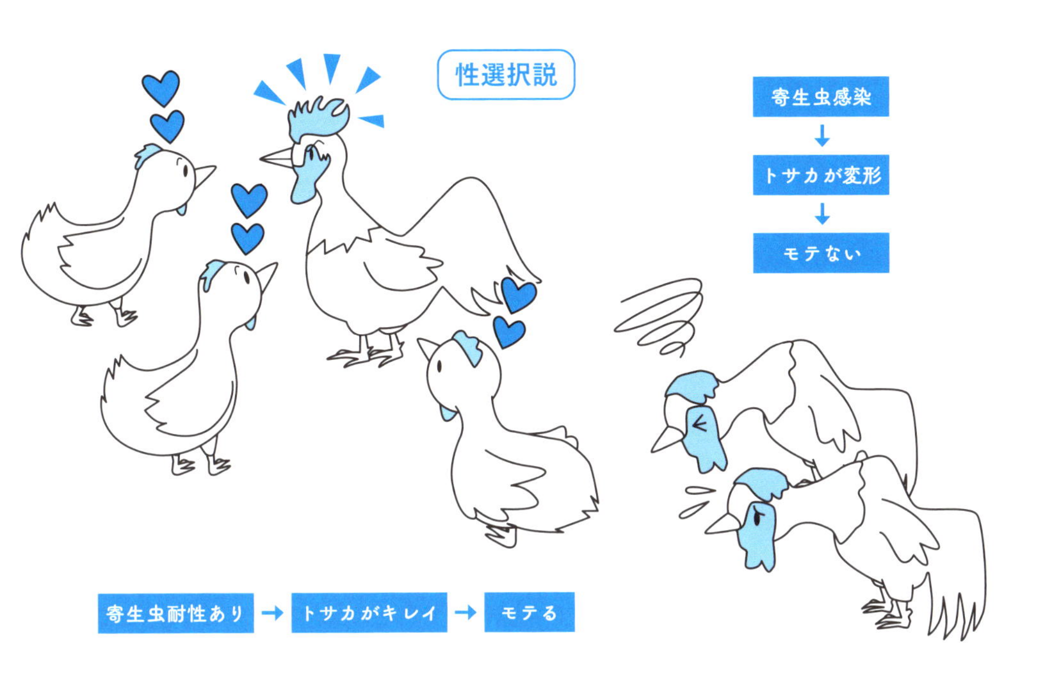

After HiraMeki後！

統計学の手法を大胆に用いて、ダーウィンの進化論をさらに深めていったハミルトンの説は、現在でも広く受け入れられています。彼の学説は進化を研究する遺伝学はもとより、生物相互のかかわりあいを研究する生態学のほか、生物学の範疇を超え、人口学・経済学にまで活用されています。

ビジネスでHiraMeki!

複雑な生物の行動を単純な数字で表すことに成功したハミルトン。企業イメージのような見えないものも数値化できるかも？

視点を変える！　＼今回のテーマ／ 進化生物学

見えないところで変化が貯まる

中立説の提唱（1968 年）

木村資生（1924 ～ 1994 年）

日本の生物学者。愛知県岡崎市に生まれる。中学時代から数学が得意だったが、高校時代の恩師の影響で植物遺伝学に興味をもち、京都大学理学部に進学。学生時代は集団遺伝学の権威シューアル・ライトの数理的理論を独自に学び、その後は数学を生かしていくつもの遺伝学の問題を解決した。

Before HiraMeki 前！

個体は適者生存、遺伝子は運

生存に適した個体が繁殖
ドヤッ
泳ぎが速い
卵をたくさん産む… etc
ドヤッ
生存に適した遺伝子が残る……？
?
ダーウィン

チャールズ・ダーウィン（P28）の自然選択説により、生存しやすい表現型をもつ生物が集団内で子孫を残し、増えていくことがわかりました。その後、遺伝子の研究も進展し、遺伝子が変異することも明らかになりました。そのため1960 年代当時は、突然変異した遺伝子のなかでも、生存に有利な性質をもつものが集団内で増加していくと考えられていました。

木村の研究生活は、敗戦直後の物資が枯渇した時代に始まりました。新設された国立遺伝学研究所で職を得たものの、資料も設備もほとんどない状況でした。そうしたなかで独自の遺伝学の理論を考案した木村を、当時の上司が有望と見込み、アメリカへの留学を勧めました。渡米して充実した環境で研究を始めた木村は、高度な数学を駆使し、遺伝学の問題を次々に解決していきました。そして、ダーウィンから始まる進化論にも、木村の鋭いメスが入ることになります。

遺伝子の変異は
個体の生存率に必ず影響する
ものなのか……

まてよ！

木村は、コイやヒトの遺伝子を調査することで、遺伝子がランダムに変化していることを突き止めました。その結果に基づき、個体に影響を及ぼさない変異はそのまま蓄積し、集団内で増えるかどうかは運次第であるという説を打ち出しました。

木村の理論は、一見するとダーウィンの「適者生存」と矛盾するように見えたため、論争を引き起こしました。しかし、表現型として個体に影響を与える変化には適者生存がはたらくことから、木村の理論はダーウィンの説を遺伝子の観点から支持するものでした。1980 年代に入り、塩基配列に関する研究がさらに進展し、木村の理論を支持する実験結果が多く報告されるようになりました。とくに、1981 年に発表されたヘモグロビン偽遺伝子に関する論文は、木村の中立説を裏づける決定的な内容で、木村はこれを知って大いに喜んだといいます。

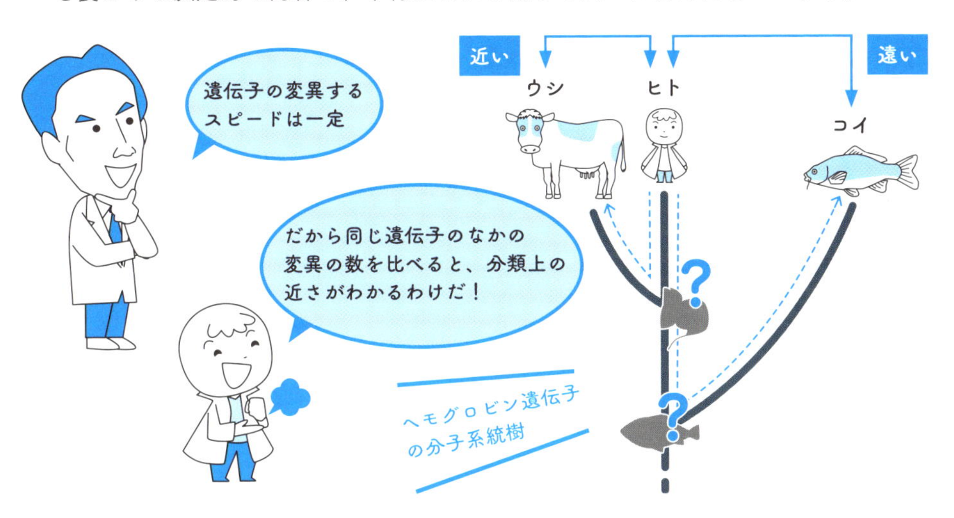

After HiraMeki後！

遺伝子が一定の速度でランダムに変化するという中立説は、現在の進化の考え方に大きな影響を与えています。進化は単に表現型の変化や種分化といった目にみえるレベルに留まらず、ちょっとした遺伝子の変化の蓄積でも起こっているということが、木村により明確になったといえます。さらに、中立説は異なる生物種間での種分化が起きた時期や系統関係を調べるうえで重要な考え方です。たとえば、見た目の区別ができない細菌の分類や、化石の見つからない祖先種の推定に利用されています。

ビジネスで HiraMeki!

得意な数学ではなく、あえて生物学分野に進むことで大きな成果を挙げた木村。新しい分野に挑戦することで、逆に専門知識を生かして大きな利益につながることがあるぞ！

視点を変える！　＼今回のテーマ／ 医学

自分の技術を違う分野で活用する

抗体の多様性の解明（1976年）

利根川進（1939年〜）

愛知県生まれの分子生物学者。京都大学在学時に遺伝子を研究する分子生物学に目覚め、研究の本場アメリカ・カリフォルニア大学に留学し、ウイルスの研究で技術を学んだ。スイス・バーゼル免疫学研究所に移り、当時免疫学では使われていなかった分子生物学の方法で抗体の多様性を解明し、1987年ノーベル生理学・医学賞を受賞。現在は、マサチューセッツ工科大学で脳の研究を行っている。

Before HiraMeki 前！

免疫には解明されていない大きな謎がある

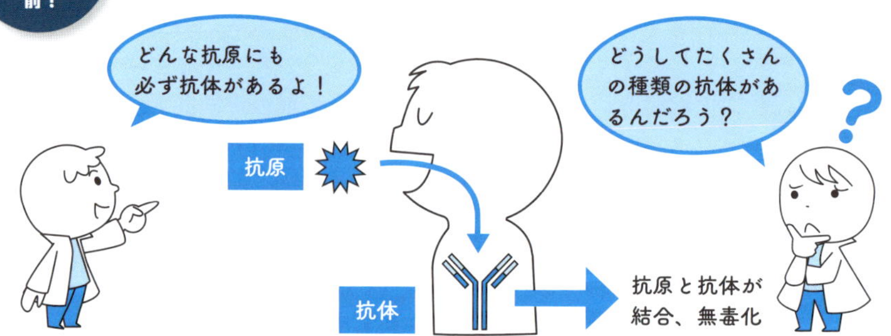

ヒトの体は、体に何か異物（病原体や花粉などの自分でないもの、抗原という）が入ってくると、その異物に応じてリンパ球で抗体がつくられます。抗体が抗原とくっつくと、抗原をやっつけることができます。しかし、抗原は世界中に無数にあります。無数の抗原をやっつけるために、わたしたちの体が生まれつき無数の抗体をもっているのか、それとも生まれてから抗原ごとに新しい抗体をつくるのかは長い間謎でした。

利根川は、分子生物学の研究をカリフォルニア大学やソーク研究所で行っていました。アメリカのビザが切れることをきっかけに、スイスにあるバーゼル免疫学研究所に移ることになりました。免疫学はまったくの初心者でしたが、研究所には第一線の研究者が集まっていました。ここで利根川は、免疫学で解明されていない抗体の多様性の謎を知り、この謎について調べることにしました。

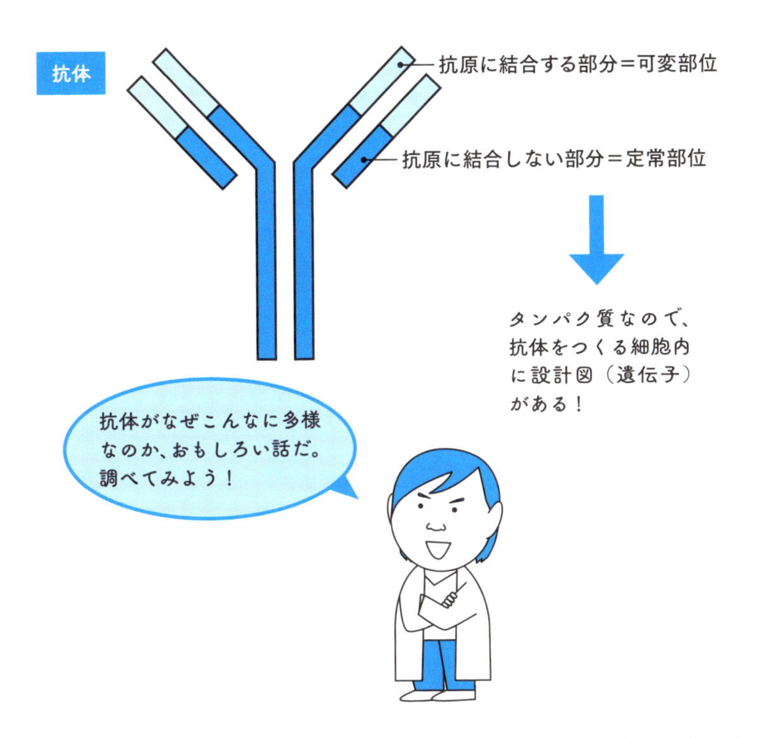

当時免疫学では、抗体がタンパク質であることや、抗体には変わらない骨組みの部分（定常部位）と変わる部分（可変部位）があることがわかっていました。しかし、抗原と結合する可変部位の遺伝子配列が、どのように多様性をつくるのかはわかっていませんでした。

抗体タンパク質じゃなくて、
抗体の遺伝子を直接調べよう！

それなら！

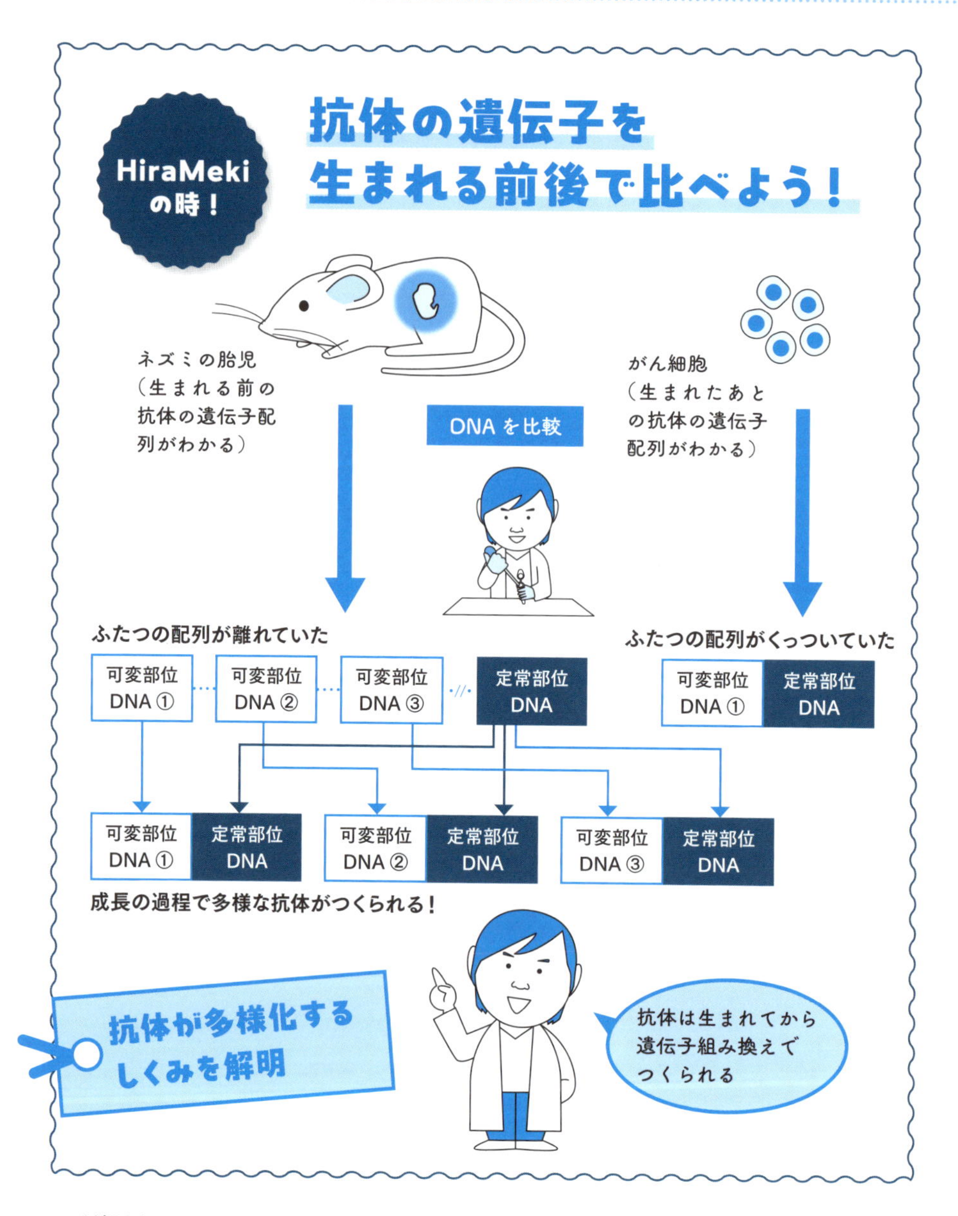

利根川は、もしも可変部位に遺伝子組み換えが起きるのであれば、可変部位と定常部位の遺伝子は、生まれる前はバラバラに存在しているはずだと考えました。反対に、生まれて抗原と反応する頃になってからは、可変部位と定常部位はくっついているはずだとも考えていました。そこで、生まれる前の遺伝子はマウスの胎児から、生まれたあとの遺伝子はがんの培養細胞からとり、比較することにしました。

その結果、生まれる前後で可変部位と定常部位の配置が変化していることがわかりました。これは、生まれた後に可変部位の DNA が選ばれ、定常部位の DNA とくっつき抗体がつくられるということです。ここから、抗体の多様性が生まれることが明らかになりました。免疫学の長らくの謎を解明したことで、利根川はノーベル生理学・医学賞を受賞しました。

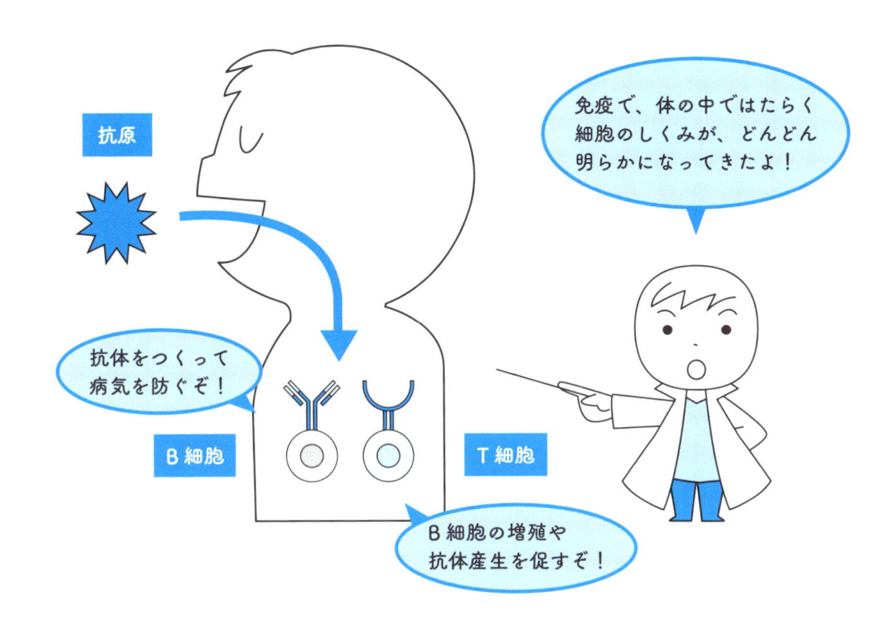

After HiraMeki 後！

利根川の研究後、免疫学は人間を守る根幹の学問として、非常に進歩しました。侵入してきたウイルスが複雑なしくみで対処されていることがわかるいっぽう、理解されていることはまだまだ多くありません。大規模な感染症を乗り越えるためにも研究が続けられています。利根川自身は、現在も分子生物学で遺伝子の謎をとき続けており、今は脳科学の分野で研究を進めています。

ビジネスで HiraMeki!

郷に入っては郷に従えとはいうけれど、新しい分野に自分のもっている技術を生かすことも考えよう。発見をもたらせるかもしれない！

偶然をものにする！

目標を達成するにはもちろん努力が必須。だが「運」や「偶然」を侮ってはならない。本章では予期せぬ出来事や発見を機に、新たなアイデアや解説策を得た計16名の生物学者を紹介する。その偶然は必然となり、あなたを成功へと導いてくれるかもしれない！

偶然をものにする！　＼今回のテーマ／ 微生物学

好奇心に逆らわずにとことん突き詰める

微生物の観察（1674 年）

アントニ・ファン・レーウェンフック（1632~1723 年）

オランダの微生物学者。オランダのデルフトで生まれ、大学には行かずに 22 歳から織物商を営む。本業のかたわら、単式顕微鏡を自作し、1674 年に世界で初めて微生物（原虫）を観察した。その後、さまざまな水中の微生物、バクテリア、赤血球、イヌとヒトの精子、酵母、細菌などを観察し、その結果を約 50 年にもわたって王立協会に手紙で報告し続けた。「微生物学の父」と呼ばれる。

Before HiraMeki 前！

ロバート・フックの『ミクログラフィア』

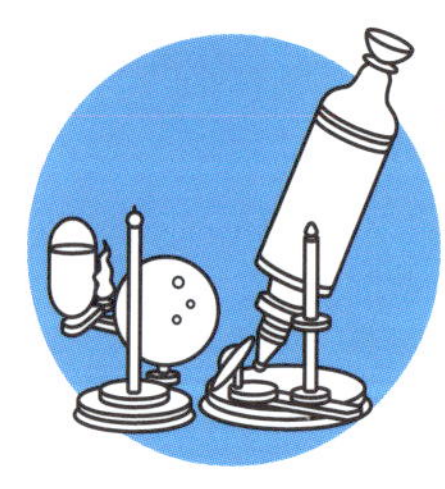

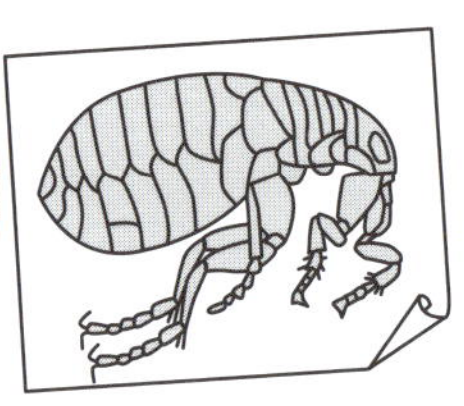

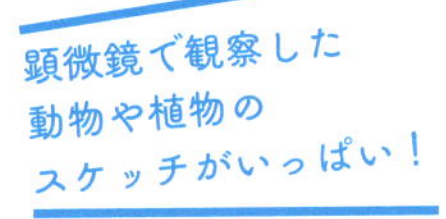

イギリスの物理学者であり生物学者のロバート・フックは、複式顕微鏡で身の回りのものを観察・記録し、1665 年に『ミクログラフィア』を出版しました。ノミ、アリ、青カビなど約 120 点の精緻（せいち）な図版で示されたミクロの世界は、当時の人々を驚かせました。なお、ロバート・フックはバネの「フックの法則」を発見した人でもあります。フックの顕微鏡の倍率は 150 倍程度だったと考えられており、あくまでも人々が知っている動植物や鉱物が対象でした。

レーウェンフックの顕微鏡

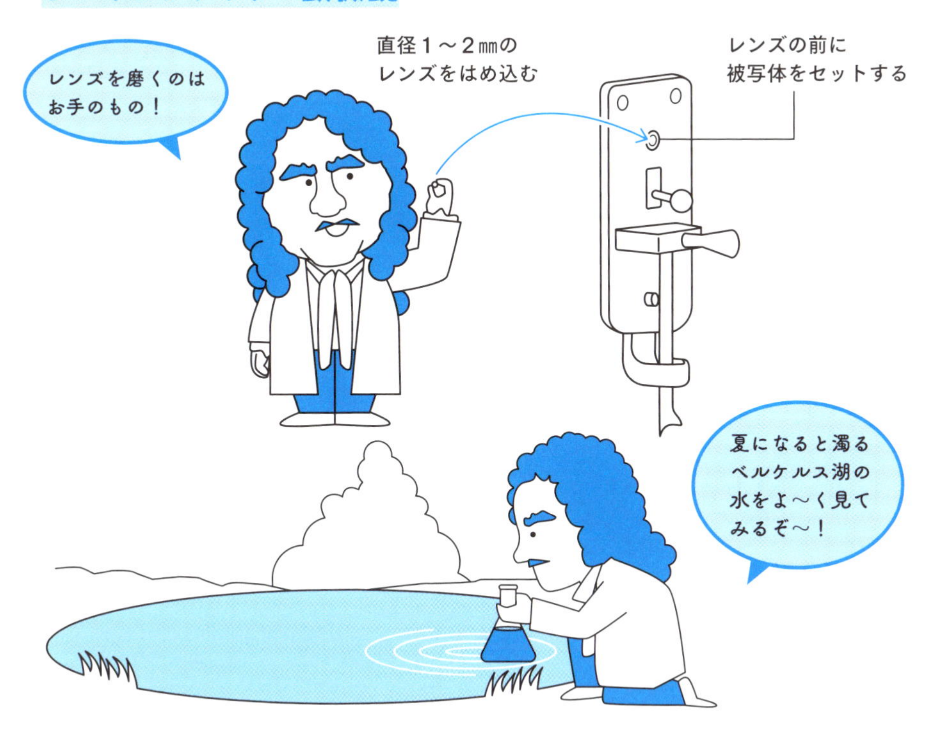

織物商を営んでいたレーフェンフックは、趣味のレンズ磨きが高じて自ら顕微鏡をつくりました。彼の顕微鏡はレンズがひとつの単式顕微鏡でしたが、最大倍率は270倍超と当時としては破格の高倍率でした。1674年の夏、彼はオランダのベルケルス湖の水を顕微鏡で観察します。その湖は、冬は透明なのに夏には白っぽく濁ることで知られ、その時期特有の露が原因といい伝えられていました。しかし、実際に水の中を調べてみると、無数の生物が跳ねたり反り返ったりと動き回っていました。それらは、彼が以前観察したダニよりも格段に小さなものでした。

生物が跳ねたり反り返ったり動き回っているんだけど……

どういうこと？

こうして1674年、レーフェンフックは世界で初めて水中に生きている微生物（アオミドロ、原虫、ワムシ、ミドリムシなど）を観察しました。彼は、この世界には肉眼では見えない無数の生物が存在することを発見したのです。この報告は人々を大いに驚かせたいっぽう、否定的な反応もありました。そこで彼は、牧師、医師などに同様の観察をしてもらい、証文を王立協会に送っています。

レーフェンフックは、雨水や川の水など、顕微鏡を使ってさまざまな水の観察を続けます。そして、胡椒が舌に辛さを与える理由を見つけようと、胡椒を入れて３週間放置した水を観察しました。そこで、これまで見たものよりもはるかに小さな生物である細菌を発見します。

彼はさらに、人や動物の排泄物の中に寄生性原虫や細菌が、そして人の歯垢の中に細菌がいることを観察、報告し続けました。当時、いわゆる「虫」といわれる生物よりも、はるかに小さな生物が健康な動物の体内に住んでいることは知られておらず、大きな発見でした。

After
HiraMeki後！

レーウェンフックは、あらゆるものを顕微鏡で観察するなかで、まだその概念や言葉すらなかった時代に、細菌をはじめさまざまな微生物を発見しました。しかしながら、自らの観察方法や自作の顕微鏡を公開しなかったため、彼の死後しばらくは再現実験や研究がなされず、その功績は200年近く忘れ去られてしまいます。

ビジネスで HiraMeki!

50年余りも微生物を観察し、報告し続けたレーウェンフック。
ビジネスの現場でも、自分の好奇心や新たな発見を駆動力にしよう！

偶然をものにする！ ＼今回のテーマ／ 医学

あえて危険を冒してみる

種痘法の開発（1796年）

エドワード・ジェンナー（1749～1823年）

イギリスの医師。バークレーの牧師の家に生まれ、14歳で外科医に弟子入りし医学を学ぶ。21歳からロンドンの病院にて専門的な知識を得たのち、23歳で故郷に戻り開業医となった。1796年に牛痘を用いて天然痘を予防する種痘法を開発。世界各地に広がり多くの人の命を救ったことから、近代免疫学の父とも呼ばれる。また鳥類研究者として、カッコウの托卵や渡り鳥に関する研究も行った。

Before HiraMeki 前！

民間療法として伝わっていた天然痘予防方法

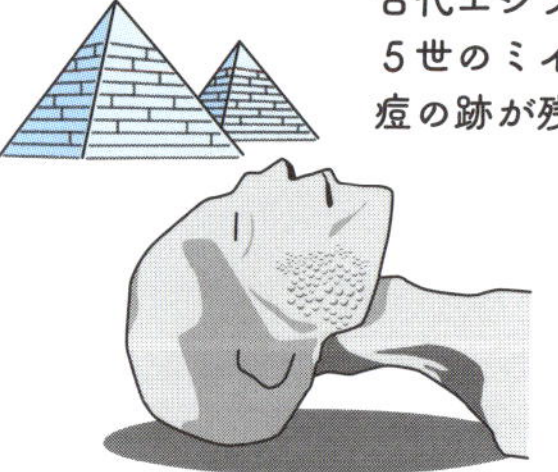

古代エジプト王・ラムセス5世のミイラの顔にも天然痘の跡が残っている

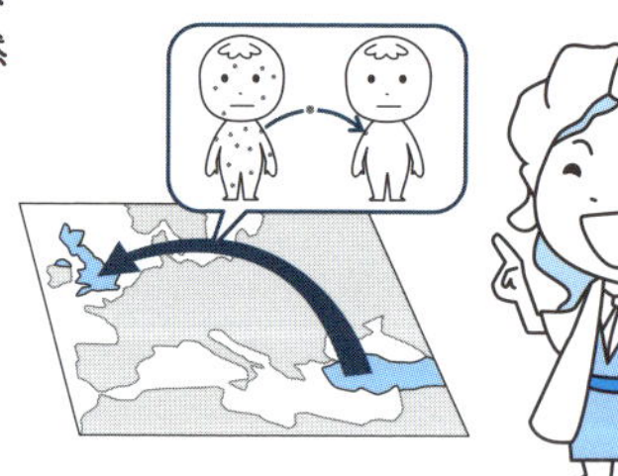

トルコから、天然痘の予防方法をもち帰ったの

メアリー・モンタギュー

天然痘はウイルス性の感染症で、紀元前1160年頃のミイラに感染の跡が見つかっている古くからある病気です。治療法はなく、症状は劇的で、感染して2週間で3人にひとりは死んでしまうという大変恐ろしいものでした。しかし「天然痘患者の発疹から出る膿を体内に入れると、軽い症状は出るがその後感染しない」という経験から、一種のワクチン接種（人痘接種）がアジア地域で行われていました。

1717年、イギリスのメアリー・モンタギューはトルコ赴任中に人痘接種を知り、息子にも受けさせます。帰国後の1721年、イングランドで天然痘の大流行が起き、メアリーはその有効性を世間に訴えました。交流のあったキャロライン王女たちが人痘接種を受けたことで、国内でも徐々に普及していきましたが、依然重症化による致死率も2%あり、より安全な予防法が求められていました。

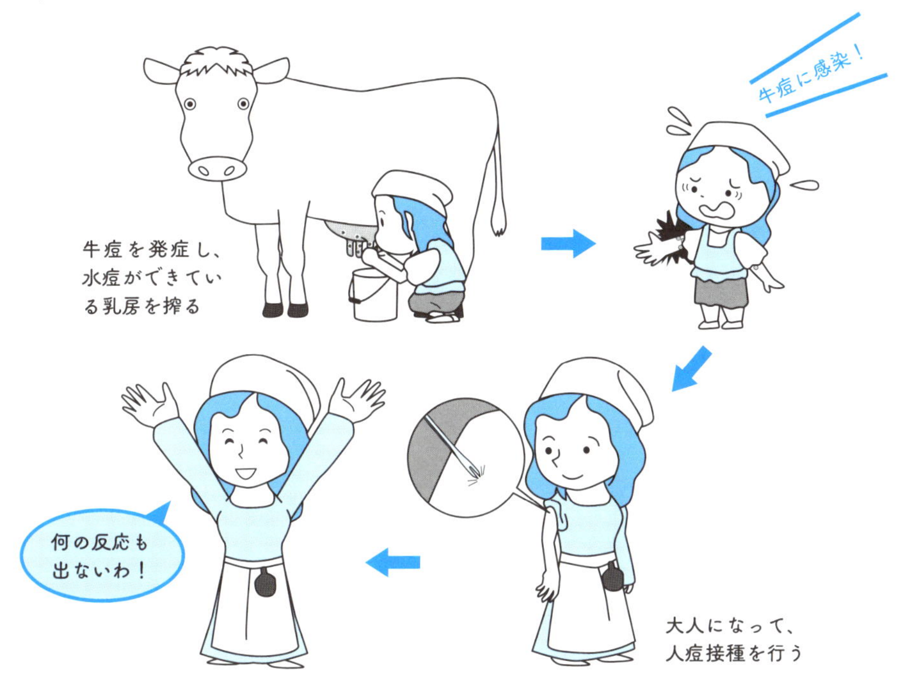

ジェンナーは開業医として人痘接種をしていましたが、「牛痘（天然痘よりも症状は軽い）に感染歴のある人は天然痘にかからない」という患者たちの話を耳にします。確かにそういう人には人痘接種をしても症状が出ず、症例を集めていくうちに、牛痘を使うことでより安全な天然痘の予防接種ができるのではないかと考えました。

牛痘にかかれば、天然痘に感染しないですむのか……

それなら！

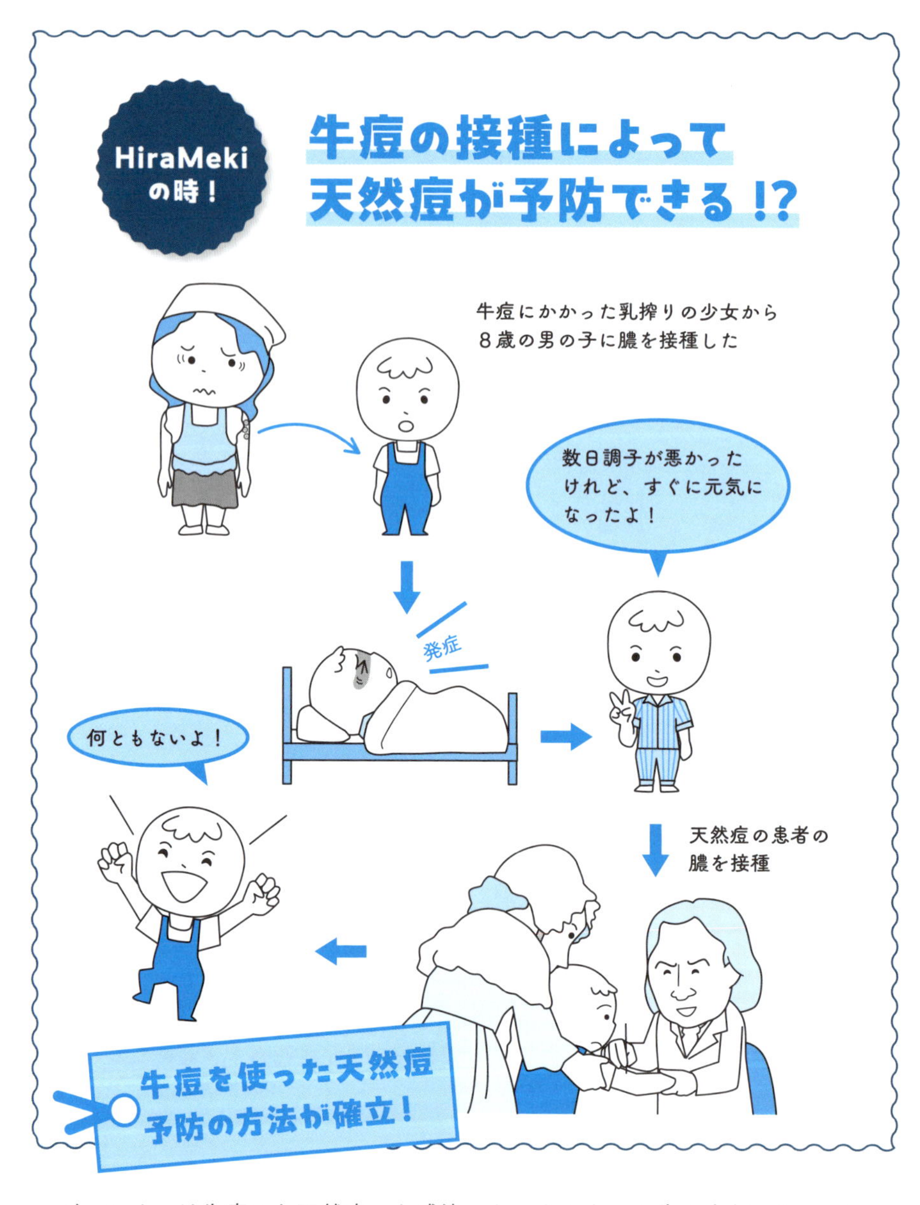

ジェンナーは牛痘にも天然痘にも感染したことのない８歳の少年、ジェームズ・フィップスに協力してもらうことにしました。1796 年に牛痘の症状で受診に来た患者の発疹から膿を採取し、ジェームズの腕に傷をつけてすりこみます。数日後、頭痛や食欲不振など軽い症状が出ましたが、その後すぐ元気になりました。これで牛痘が人から人へも感染するが、症状は軽いことがわかりました。

2カ月後、天然痘患者の発疹から採取した膿をジェームズに接種すると、ジェンナーの予想通りまったく症状は現れませんでした。何度か繰り返しても同様で、ジェームズが天然痘に対する免疫を得たことが証明されました。こうして牛痘を用いた天然痘予防接種、「種痘法」が開発されたのです。

ジェンナーはさらに何人もの接種を行い、症例をまとめた論文を1798年に自費出版しました。しかし、牛痘を接種すると牛になるという噂が広まったり、それまで人痘接種で収入を得ていた医師から反発を受けたりと、最初はなかなか普及しませんでした。

After HiraMeki後！

ジェンナーはワクチンの改良を続け、安全性を高めていきます。そして1802年にはイギリス政府がワクチン普及の支援を始めました。その後ワクチンは世界中に広がり、天然痘の大流行時には多くの命を救い、ついに1980年にはWHO（世界保健機関）によりその根絶が宣言されたのです。種痘法の開発から184年後、天然痘は人類が初めて、そして唯一根絶した感染症となりました。

ビジネスでHiraMeki!

町医者として聞いた患者たちの経験談も、記録を取り検証したことで、科学的な裏付けのある予防法になり、世界を救った。ひらめきのヒントは、データを残すことで見えてくるかも！

偶然をものにする！　＼今回のテーマ／ 進化生物学

確かな実績でチャンスをつかめ！

進化の思想を体系化（1809年）

ジャン＝バティスト・ラマルク（1744～1829年）

フランスの博物学者で、無脊椎動物学の権威。貴族の11番目の子として生まれ、神学校で学んだのちに陸軍に入隊。七年戦争を経験した後、除隊した。著書『フランス植物学』がパリ植物園（現在のフランス国立自然史博物館の前身）園長ビュフォンの目に留まり、同植物園で職を得る。40代でフランス革命を経験し、その後の混乱の時代に数多くの学説を発表した。

Before HiraMeki 前！

生物の形は不変でしょ？

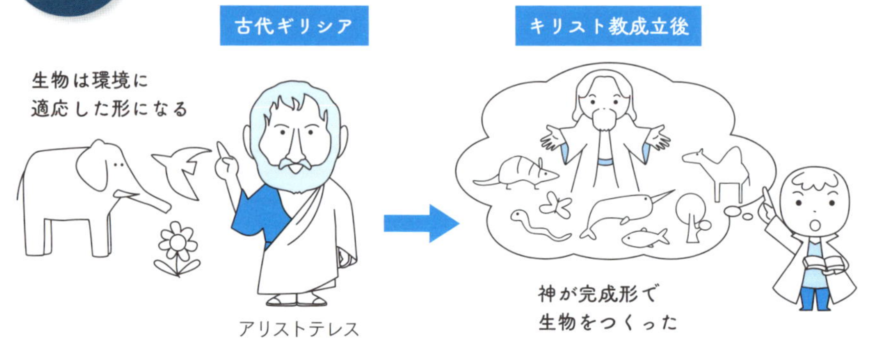

キリスト教が成立する以前の古代ギリシアでは、現代の進化論に近い考え方がすでに存在しており、アリストテレスは「生物は環境に適応した形になる」と考えていました。しかし、キリスト教成立後の世界では、神が完成形で生物をつくったという創造説が一般的でした。この考えは生活に密着していたため、科学者たちも、盲信はしていないものの、創造説をひとつの常識として捉えていました。

ラマルクがいた18世紀末、科学者の間で創造論が疑問視され、進化論に近い考えは生まれてきていました。哲学者も進化論に近い思想を発表していました。

しかし、キリスト教会の力が強く、教義に従わない研究は発表しにくい状況でした。ラマルクの上司のビュフォンは、「動物には本質的に共通したところがあり、形態は変化する」という説をもっていましたが、ソルボンヌ大学からキリスト教の教義に従うよう警告され、自説の公表を控えていました。そんななか、1789年にフランス革命が起こったことで、教会の力が弱まり、進化生物学発展の気運が高まりました。

動物は少しずつ複雑になるように変化していくのでは……

それなら！

キリスト教の教義に反する研究内容も発表できる時代となり、ラマルクは『動物哲学』で「動物は体の構造が複雑になるよう進化していく」という前進的発達説を述べました。彼はとくに動物の神経系に焦点を当て、構造が徐々に複雑化していく様子を説明しました。具体的な事例を示して進化が説明されたのは、これが初めてでした。

ラマルクが進化論を発表した当時、科学者以外の多くの人々は旧来の創造論を信じていました。ナポレオンもそのひとりだったため、ラマルクの説は発表当初から多くの反発を受けました。しかし彼はめげずに、生物のあり方について科学的な説明を試み続けました。そのなかには､植物学と動物学を統合して「生物学」とするなど、現在に通じる提案も多数含まれていました。

After HiraMeki 後！

ラマルクは自説と実際の自然界との矛盾にも目を向け、その後も進化論を裏付けるさまざまな学説を精力的に発表しました。実際には、生物は進化により単純にも複雑にもなるため、ラマルクの「生物が進化によって複雑になる」という説は、現代では受け入れられていません。しかし、科学は過去の学説を更新し、積み上げていくことで発展していきます。ラマルクが築いた「進化論」「生物学」は、現代の生物学の礎となっているのです。

ビジネスで HiraMeki!

時代の変化をとらえ、チャンスをものにしたラマルク。「その時」に備え、日頃からコツコツと知識や経験を積み上げることが大切だ。

偶然をものにする！　＼今回のテーマ／ 細胞学

情熱・実績・人脈で上り詰める

核の発見（1831年）

ロバート・ブラウン（1773～1858年）

スコットランドの植物学者。細胞核の発見のほか、粒子の運動であるブラウン運動を詳細に観察・記録した。エジンバラ大学で医学を学んだのち、軍医助手として軍に入隊。任地のアイルランドでは戦闘がほとんどなかったこともあり、ブラウンは医学のほか植物学に興味をもち、膨大な植物種を調査・記載した。

Before HiraMeki 前！

叩き上げの熱血植物学者

植物を採集する
楽しさは格別。
植物学者になりたい！

1790年、ブラウンは当初エジンバラ大学で医学を学んでいましたが、すぐに植物学に興味をもち、医学よりも植物学に多くの時間を費やすことになります。軍医助手として勤務するかたわら、植物の採集にもいそしみました。ヨーロッパの植物学者らと積極的に文通し、標本や論文を植物学者らに送り、着実に知名度を上げていきます。そして、当時の博物学を支える存在だったイギリス王立協会の会長ジョセフ・バンクス卿との出会いが、彼の植物学者としてのキャリアアップにつながっていきます。

1800年、バンクス卿の推薦により、ブラウンはオーストラリア大陸の探検隊に植物学者として参加することになります。当時、オーストラリアは大陸であるか否かも明らかではなく、その確認や動植物資源の調査が目的でした。航海の途中で船の故障により採集した標本が失われたり、壊血病がまん延したりするなど災難が起きますが、ブラウンは精力的に植物標本を収集し、3000種を超える植物を採集することに成功します。

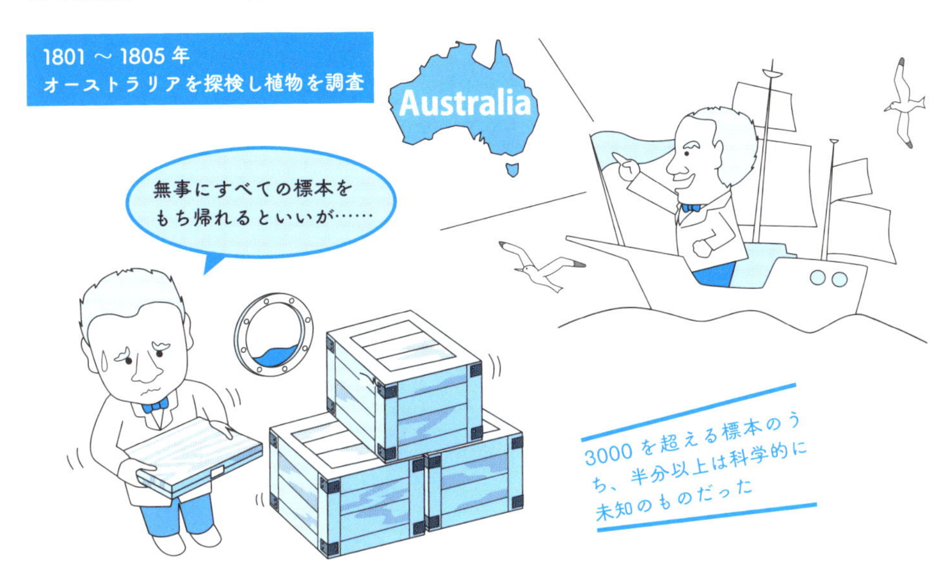

植物学者として名をはせたブラウンは、顕微鏡の使用にも熱心で、あまたの分類学者のなかでもたぐいまれな顕微鏡学者として知られていました。当時、顕微鏡の開発は発展途上で、現在ほど多機能ではなく、使いにくいものでした。顕微鏡の扱いについての専門知識や技術が必要とされていたのです。オーストラリアから帰国したブラウンはある日、顕微鏡でラン科植物を観察しているなかで、ふと気づきます。

植物細胞の中に、決まって輪っかのような構造がある……

それなら！

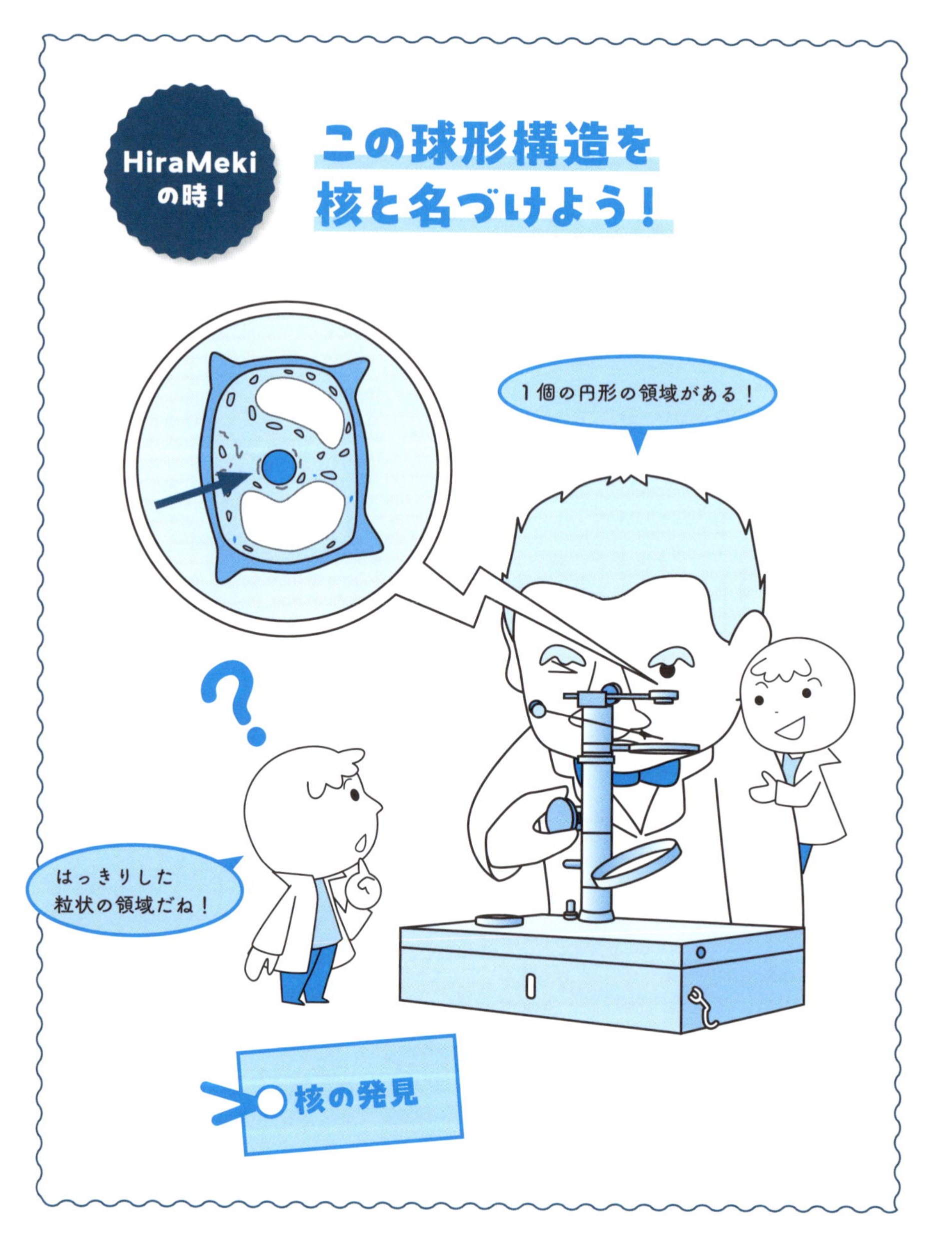

ブラウンは、ランのさまざまな組織を詳細に観察し、細胞に共通して輪のような構造があることを確認します。細胞内に丸い構造が存在することは、17 世紀にアントニ・ファン・レーウェンフック（P108）によって報告されていますが、ブラウンはさまざまな植物に特徴的にみられる構造として論文に記載しました。

植物学者としても、顕微鏡学者としても確固たる地位を確立しつつあったブラウンは、バンクス卿の厚い信頼を得て、彼の膨大な植物コレクションの管理を任され、さらには1837年大英博物館の初代植物部門の管理者となります。1849年には「分類学の父」カール・フォン・リンネ（P58）にちなんで設立された、分類学の名門「ロンドンリンネ協会」の会長に就任しました。植物へのあくなき情熱が、多くの賛同を生み、ブラウンは名実ともに英国を代表する植物学者となったのです。

After HiraMeki後！

ブラウンが発見した核は、今では細胞がもつさまざまな構造物（細胞小器官）のひとつとして知られ、生命の遺伝情報であるDNAが存在する重要な場所としても知られています。ブラウンは核の発見のほか、顕微鏡下での水中の花粉粒の不規則な動きを発見し、これはのちに、ブラウン運動と名づけられました。ブラウン運動はその後、物理学者アルベルト・アインシュタインによって理論化され、物理現象として広く知られることとなりました。

ビジネスでHiraMeki!

医者でありながら、熱心に手紙や標本を植物学者へ送り、植物学者としての地位を確立していったブラウン。人脈を培い、熱意をもって成功を収めよう！

偶然をものにする！　＼今回のテーマ／ 動物行動学

困った！からの大発見

条件反射の発見（1902 年）

イワン・パブロフ（1849 ～ 1936 年）

ロシアの生理学者。ロシア正教会の聖職者の家系に生まれ、リャザン神学校を卒業。サンクトペテルブルグ大学法学部に進学するが1カ月で物理数学部に転向する。両利きで器用なため優秀な外科医となった。陸軍医学校の教授として消化関連の研究を行い、1904年にロシア人として初めてのノーベル賞を受賞。しかし、現在はこの研究内容よりも「パブロフの犬」の研究のほうが有名である。

Before HiraMeki 前！

犬を用いた消化器官の研究

この方法なら犬に苦痛を与えずにすむぞ！

パブロフはもともと消化器官の研究者でした。1904 年に受賞したノーベル生理学・医学賞は、犬の胃やすい臓などによる消化のしくみの研究に対して授与されたものです。それは従来行われていたような、何度も胃を切り開いて観察する方法ではなく、一度の手術で胃や食道に管をつないで観察を行い、終わったら傷をふさいで元通りにする方法で行われました。犬に与える苦痛やストレスを最小限に留めることで、多くの結果を得ることができたのです。

じつはパブロフは大学時代、犬のすい臓にガラス管をつないでリアルタイムですい液の分泌を見たり、神経１本１本に電流を流したりしてすい臓のはたらきを調べていました。しかし、このやり方では当然犬の苦痛やストレスが大きく、通常の状態を調べることができません。その後、負担が少ない別の方法で成功し、実験に用いる動物について、その苦痛を軽減させる重要性を再認識していました。

次に、唾液に関する研究を始め、唾液の分泌が観察できるように犬の頬に手術をしたのですが、ある困ったことが起きました。エサを運んできてくれる人の足音や、皿の音を聞いただけで犬の唾液が勝手に流れ出てきてしまうのです。

食べ物が口に入ってもいないのに唾液が出てきている……

それなら！

そこでパブロフは、上のイラストのような実験を行いました。通常、犬にエサを与えると唾液が出ます。エサを食べると唾液が出るのは、消化のために必要な生まれながらにもっている性質で、これを無条件反射といいます。次に、メトロノームの音だけを聞かせますが、当然これだけでは唾液は出ません。しかし、この犬に「メトロノームを聞かせてからエサを与える」ということを繰り返すと、音を聞くだけで唾液が出るようになったのです。

パブロフは、このように音や視覚など繰り返し条件づけされた刺激で起こる反応を「条件反射」と名づけました。無条件反射は、生存に必要なため基本的には消失しません。しかし条件反射は、条件づけられた刺激がなくなれば、いずれ消失するということがわかりました。つまり「メトロノームを聞かせるがエサを与えない」ことを繰り返すと、メトロノームの音を聞いても唾液は出なくなるのです。また、犬の大脳を切除してしまうと条件反射は起こらなくなることから、パブロフは大脳との関係に注目して研究を続けました。

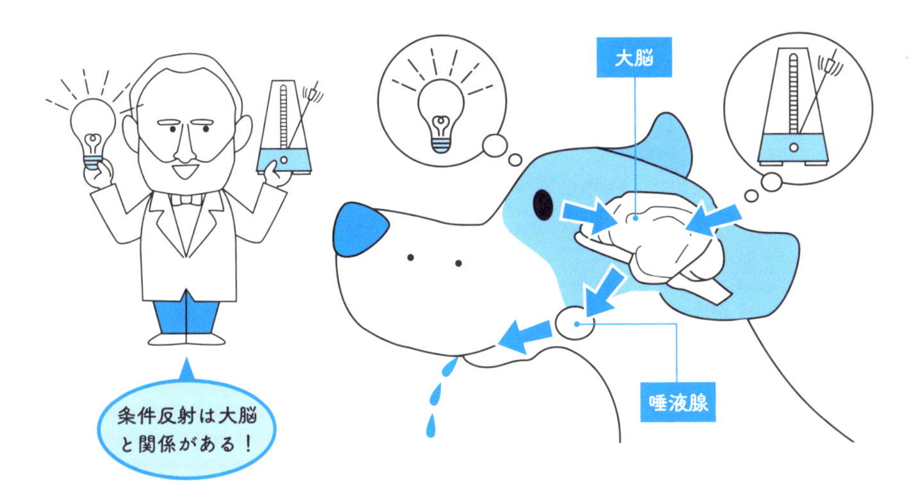

After HiraMeki 後！

パブロフが実際にノーベル賞を受賞した研究は「消化腺」に関するものでしたが、受賞記念講演ではこの「条件反射」についても解説し、聴衆は初めて聞く言葉に驚きました。パブロフはおもにドイツ語で講演を行っていましたが、1906 年にイギリスで行った講演がイギリスの医学雑誌に紹介され、その後アメリカの科学雑誌『ネイチャー』でも紹介されたことから、多くの研究者に知られるようになりました。そして「条件反射」は、心理学や行動学の分野に広がる大きな研究テーマとなっていったのです。

ビジネスで HiraMeki!

条件反射による唾液の分泌は、本来はパブロフにとっては観察の妨げになるものだった。でも邪魔だと思うものも、じつは新しい分野での発見やヒントに大変身する可能性がある！

偶然をものにする！　＼今回のテーマ／ 医学

うっかりも捨てたもんじゃない

世界初の抗生物質、ペニシリンの発見（1928年）

アレクサンダー・フレミング（1881〜1955年）

イギリス、スコットランドの医師、微生物学者。農場の家に生まれたが、13歳でロンドンに住む医師の兄のもとへ。16歳で商船会社に勤務したのち、貯めたお金でセント・メアリーズ医学校に入学。卒業後は感染症の研究を始める。第一次世界大戦中は召集され、野戦病院で活動。終戦後は研究に戻り、抗菌物質リゾチーム、抗生物質ペニシリンを発見。1945年にノーベル生理学・医学賞を受賞。

負傷兵の多くが、傷口からの感染症で命を落としていた！

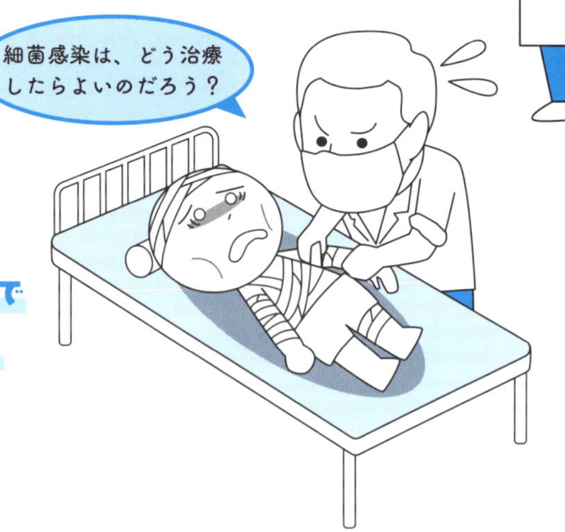

細菌感染は、どう治療したらよいのだろう？

フレミングは第一次世界大戦中、多くの負傷兵が傷口からの細菌感染で命を落とす姿を目の当たりにしました。そこで、戦後は感染症治療薬の研究に取り組みました。まず1921年、鼻水や涙などに細菌を殺す成分があることを偶然発見し、「リゾチーム」と命名。これは細菌の入ったシャーレにフレミングがくしゃみをしてしまい、本来なら汚染されたとすぐ処分するものを、そのままにしておいたことで細菌が死んでいることに気づき、発見したといわれています。

1928年夏、フレミングは黄色ブドウ球菌の研究を行っていました。しかし、寒天培地に細菌を植えたシャーレを用意したあと、テーブルに置いたまま、フレミングは長い夏休みに入ってしまったのです。研究所に戻ってきた9月3日、シャーレにはカビが生えていました。でもよく見るとカビが生えている周りだけ、黄色ブドウ球菌がいなくなっていたのです。そこでフレミングは、青カビも細菌のはたらきを制御するリゾチームのような物質を出しているのでは？と思いつきました。

じつはこのカビはペニシリウム・ノターツム（*Penicillium notatum*。現在の名称は *P. chrysogenum*）という種で、どこにでもいる青カビではありませんでした。フレミング研究室の階下には菌類学研究室があり、喘息の治療に使おうと特別に育てられていたのです。ここに気温条件などさまざまな偶然が重なり、フレミング研究室のシャーレにまで届いたと考えられています。

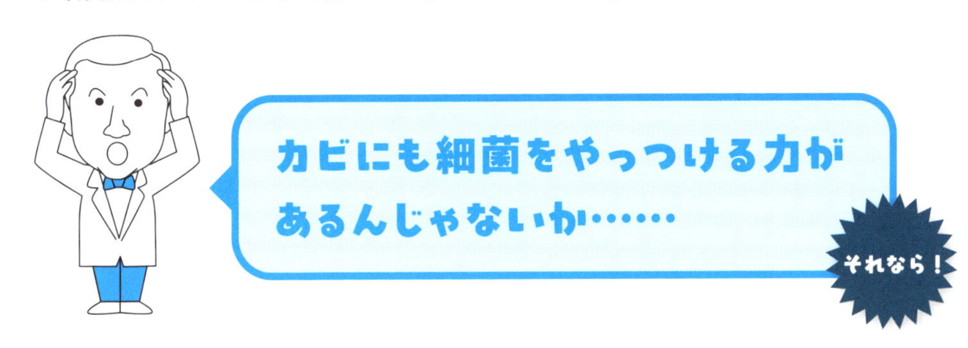

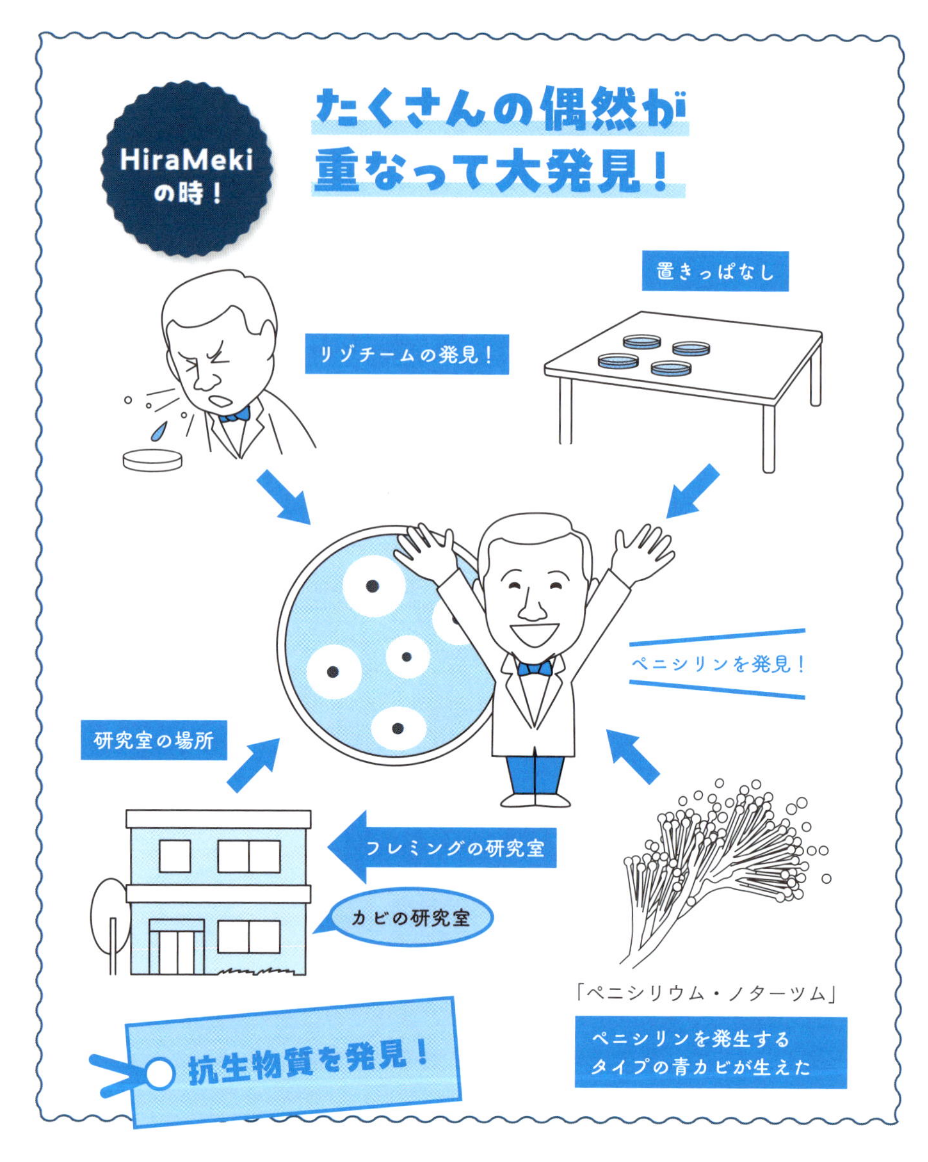

フレミングの過去の経験、カビが繁殖しやすい環境、特別な種類のカビなど複数の偶然が重なり、青カビが分泌している抗菌物質が発見されました。フレミングはこれをカビの学名に由来して「ペニシリン」と名づけました。これが世界で初めて発見された抗生物質（微生物が生み出す抗菌物質）です。ペニシリンは即効性があり非常によく効きますが、すぐに失活してしまう不安定な物質でもありました。そのため、医薬品としての実用化はすぐにはできませんでした。

ペニシリンの分離、精製には高度な化学的手法が必要で、医師であるフレミングの専門外でした。そこでイギリス中の研究機関に青カビと論文を送り、多くの人の手を借りようとしたのです。10年後、オックスフォード大学のふたりの化学者、エルンスト・ボリス・チェインとハワード・フローリーは、フレミングの論文を知りペニシリンの研究を始めようとしていました。彼らのもとにもフレミングから送られた青カビがあったため、すぐに実験を始めることができ、1940年に初めてペニシリンの精製に成功。1941年までには実際に人へ投与し、その効果が認められたのです。

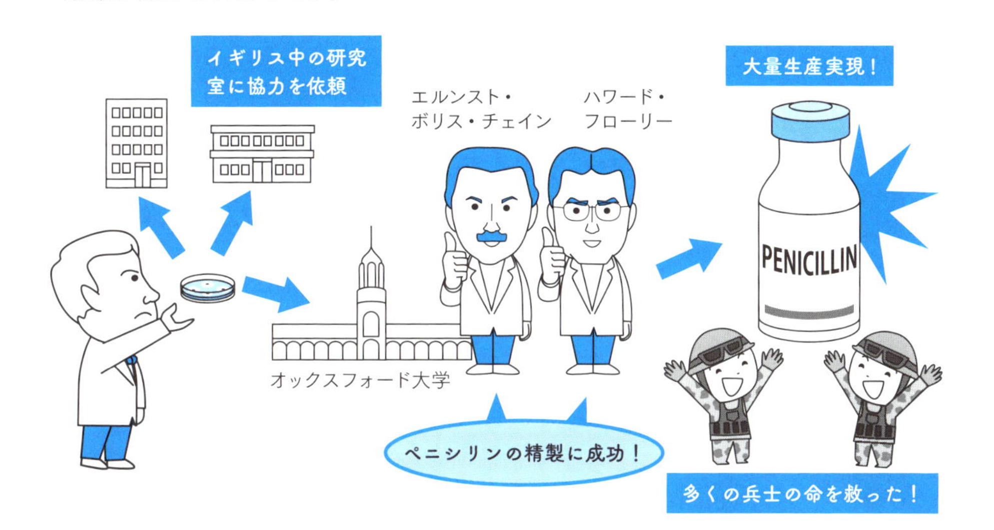

After HiraMeki 後！

その後、第二次世界大戦によって研究が困難となり、チェインとフローリーはアメリカに渡ります。そこでペニシリンの開発が急激に進み、大量生産、製品化が実現しました。そして戦時中の負傷兵の治療に使われ、多くの命を救ったのです。1945年、フレミング、チェイン、フローリーは「ペニシリンの発見、および種々の伝染病に対するその治療効果の発見」によりノーベル生理学・医学賞を受賞しました。

ビジネスで HiraMeki!

カビが生えたシャーレを見て、フレミングは「おもしろいな」と思ったそう。「しまった！」という出来事にも、じつは大発見が隠れているかも。些細な違いや出来事も見逃さない感性や知性を大切に！

偶然をものにする！　＼今回のテーマ／ 分子生物学

衝撃を受けたテーマに鞍替え

シャルガフの法則（1950年）

エルヴィン・シャルガフ（1905～2002年）

ブコヴィナ公国（現在のウクライナとルーマニアにまたがる地域）出身の生化学者。裕福なユダヤ人家庭で育つが、第一次世界大戦が始まり9歳でオーストリアへ移住。その後、ウィーン工科大学に進学し化学を学ぶ。ベルリン大学衛生研究所、パスツール研究所で研究を続けるが、ナチスによる迫害から逃れるため1935年にアメリカへ移住。コロンビア大学の研究員となり、学部長まで務めた。

Before HiraMeki 前！

遺伝子の解明が続けられていた1900年代中頃

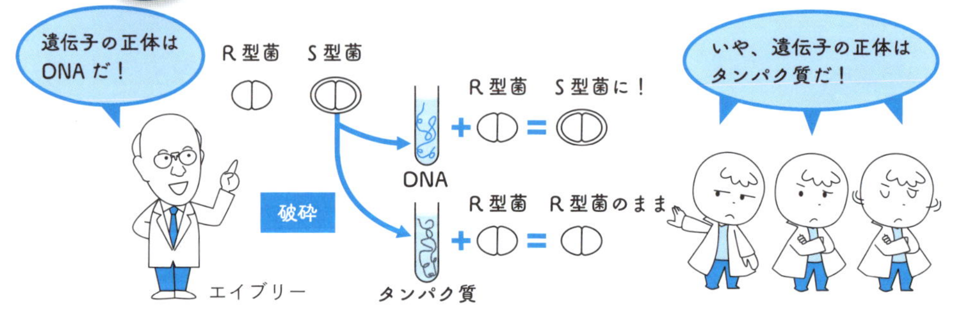

20世紀初頭、遺伝子を構成しているタンパク質とDNAのうち、実際に遺伝情報を司っているのはどちらかという論争が続いていました。そんななか「DNAこそが遺伝子の正体である」と示したのが、オズワルド・セオドア・エイブリー（P82）です。しかし、研究者の間ではタンパク質のほうが遺伝子本体だと考える風潮が依然強く、エイブリーの結果には懐疑的な者も多くいました。結果、エイブリーの論文はあまり大きな話題にはなりませんでした。

しかし、シャルガフはこの論文に注目した、数少ない研究者のひとりでした。1944年のエイブリーの論文を読み「この発見は、新しい言語の最初の教科書を与えてくれたようだ」と非常に強い感銘を受けたのです。当時、シャルガフはナチス迫害を避けいくつかの研究所を渡り歩いたのち、アメリカのコロンビア大学で色素タンパク質の研究を行っていました。しかし内容をがらっと変えて、DNAとアデニン（A）、チミン（T）、グアニン（G）、シトシン（C）という4つの塩基について研究を行うことにしたのです。

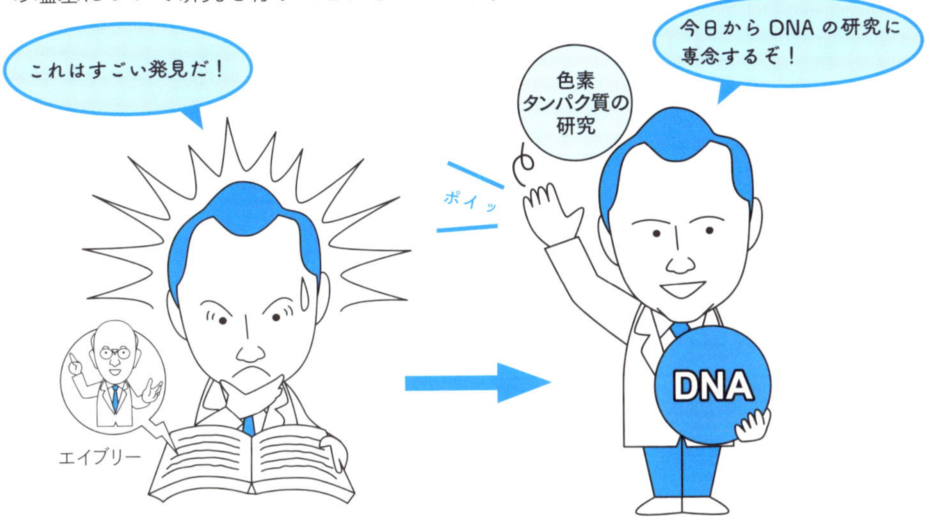

DNAの構造については、1910年代にフィーバス・レヴィーンが4種類の塩基を発見し、DNAが「リン酸－糖－塩基」のヌクレオチドという単位でできていると解明しました。しかし4つの塩基は同じ数ずつあり、ヌクレオチドが4つ結合したテトラマーというものが連なってDNAになっているという、現在では誤った説である「テトラヌクレオチド仮説」を提唱していました。

遺伝子の本質はタンパク質じゃなくてDNAだ！
でもDNAの構造はわからないことだらけ……

それなら！

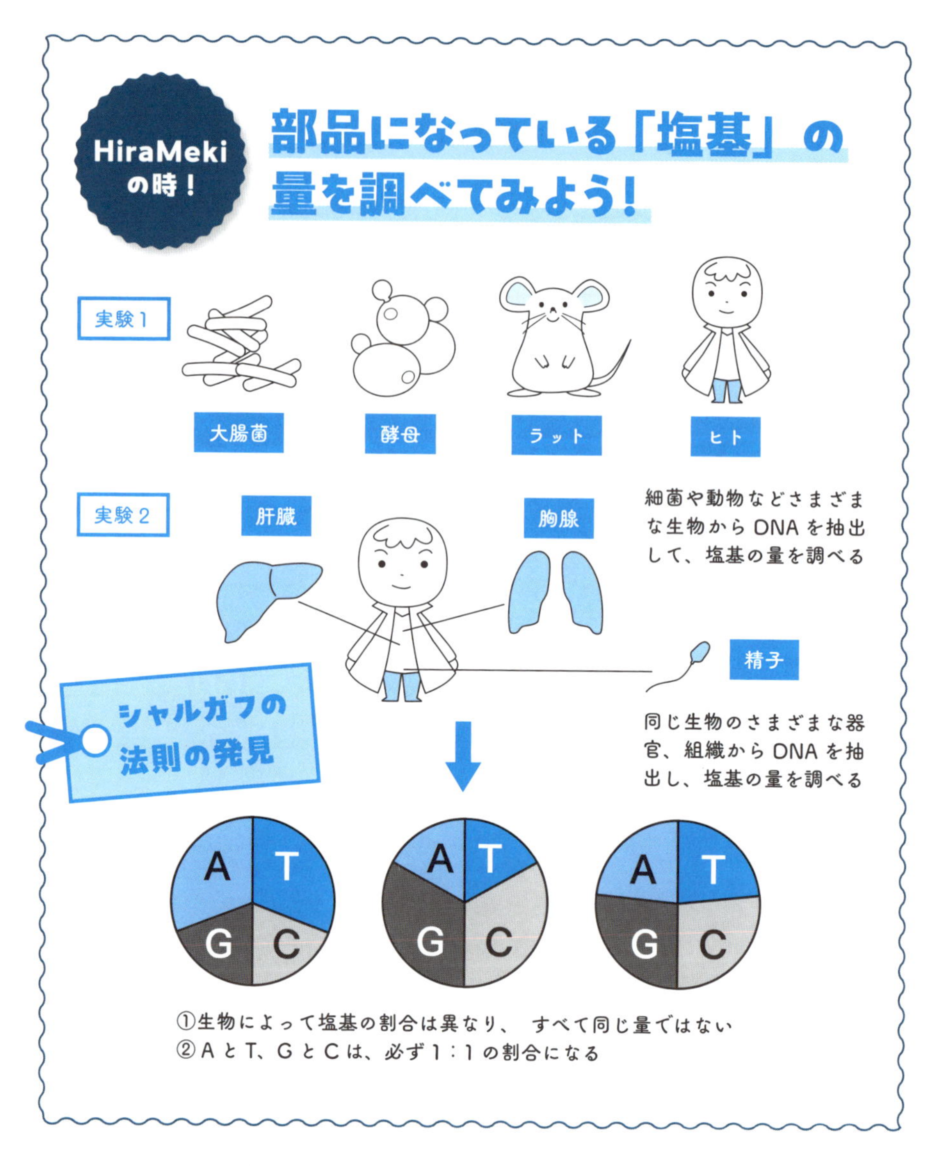

シャルガフはまず、生物によってDNAの組成が異なるかを調べました。各ヌクレオチドから塩基をひとつひとつ分離し、その量を種類ごとに調べていったのです。大変地道な作業でしたが、根気よくデータを重ねていった結果、ふたつの法則を見出しました。ひとつ目は「生物によって塩基の量の割合は異なる」ということ。ふたつ目はそれにもかかわらず「どんな生物でもAとTの量は等しく、GとCの量も等しい」ということでした。

シャルガフは1952年にジェームズ・ワトソンとフランシス・クリック（P136）に会いこの法則を説明しましたが、クリックが塩基の構造式を書けないなど、彼らがあまりに無知だったためあきれてしまいます。しかし「塩基が同じ数ずつペアになっている」というシャルガフの法則は、彼らにとって大きなヒントとなり、翌年DNAの二重らせん構造解明を発表。1962年にノーベル賞を受賞しました。この大発見につながる先行研究はほかにも多くありましたが、ノーベル賞はひとつの研究で3人までしか受賞できないという決まりがあります。もうひとりはDNAのX線構造解析を行ったモーリス・ウィルキンスが選ばれ、シャルガフは選ばれませんでした。

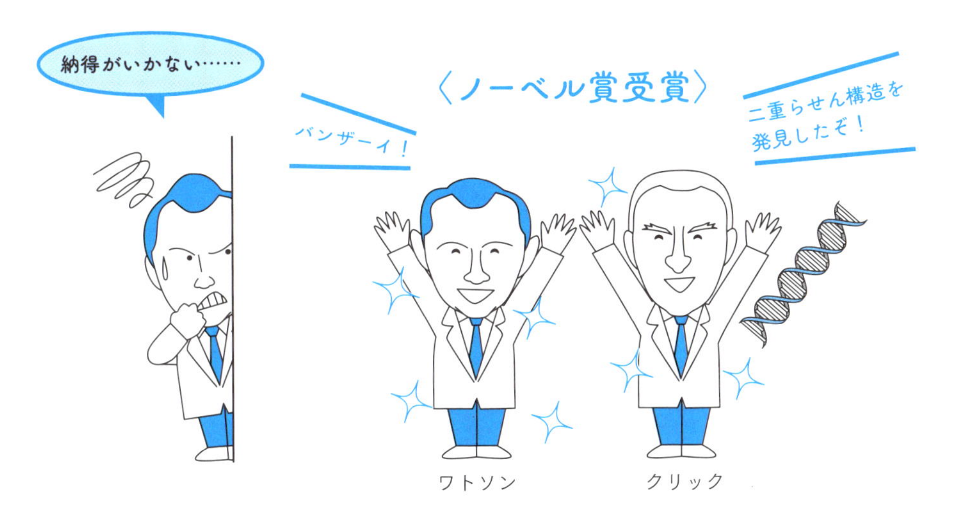

After HiraMeki 後！

その後、生物学の研究分野では、DNAや遺伝情報を扱う分子生物学が急速に発達していきました。しかしシャルガフは、人間が生物の遺伝情報を扱ったり操作したりすることに反対し、強く非難する立場をとるようになります。彼は「人類が決して触れてはならないふたつの核がある。原子核と細胞核だ。遺伝子工学の技術は核技術の出現よりも世界にとって大きな脅威である」と述べています。

ビジネスでHiraMeki!

「これ！」と思ったもの、心惹かれたものに、すぐに取りかかったシャルガフ。このスピード感が、大きな発見につながるポイント！

偶然をものにする！ ＼今回のテーマ／ 分子生物学

理論が現実と一致するまでとことん議論する

DNA構造の提案（1953年）

ジェームズ・ワトソン（1928年～）

アメリカの生物学者。留学中にDNAのX線写真を見て衝撃を受け、イギリスのキャベンディッシュ研究所でDNAの分子模型をつくり、1962年にノーベル生理学・医学賞を受賞。

フランシス・クリック（1916～2004年）

イギリスの分子生物学者。シュレディンガーの本でDNAに興味をもち、キャベンディッシュ研究所でワトソンとDNAの分子模型をつくってノーベル賞を共同受賞した。

Before HiraMeki 前！

生物の遺伝情報は何だろう？

DNAは4種類あるよ！
A G
T C

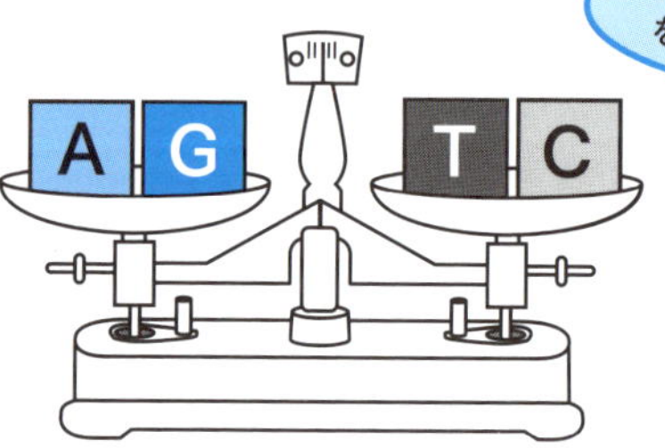
A G
T C

DNAのAとG、TとCを合わせると同じ量だ！

グレゴール・ヨハン・メンデル（P166）やチャールズ・ダーウィン（P28）により、生物は「遺伝物質」をもつことが示されていました。1944年のアベリーの実験により、遺伝物質の正体はDNAだという考えが出てきていました。DNAはアデニン（A）チミン（T）グアニン（G）シトシン（C）の4種類の塩基があり、生物によってDNAの量が違うことがわかっていました。また、AとT、GとCが同じ割合で存在することや、AとGの合計量とTとCの合計量が同じであることもわかっていました。

ワトソンとクリックは同じ研究所で出会い、DNA の構造を解明しようと意気投合し、解明のためにさまざまな情報を集め議論を進めました。その頃、1951 年にライナス・ポーリングがタンパク質の分子構造を、模型を使って明らかにしたことから、模型を使い解明することをふたりは決意しました。

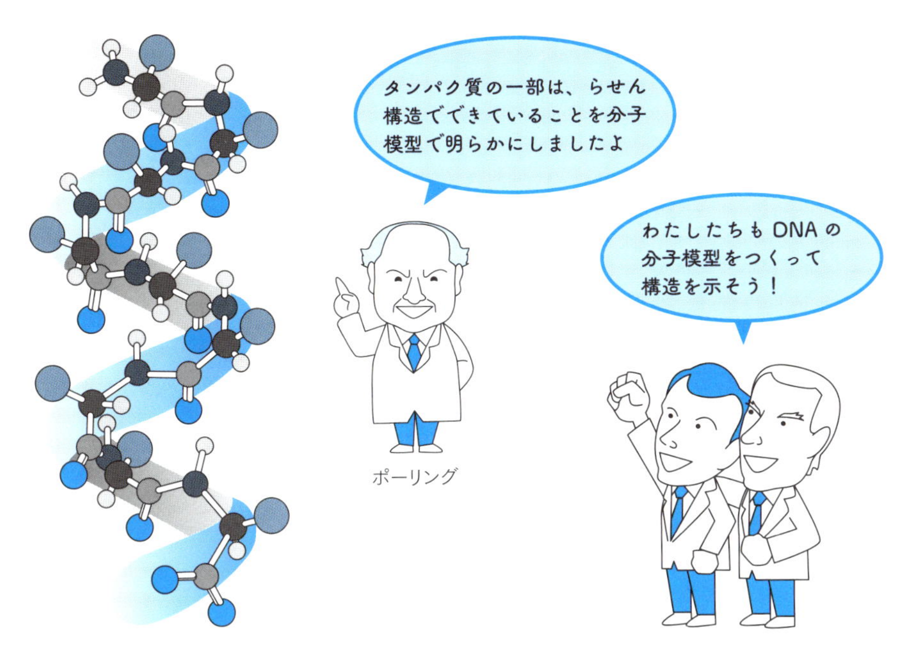

模型をつくるヒントのひとつが、DNA の X 線写真でした。イギリスの別の研究所では、ロザリンド・フランクリンが DNA を結晶化し写真を撮る「X 線結晶構造解析」の研究をしていました。ワトソンたちはさまざまな研究結果をもとに模型を組み立てては、何か違うと苦悩しました。あるとき、ワトソンはフランクリンの上司モーリス・ウィルキンスから極秘裏に最新の DNA 写真を見せてもらいます。

DNA は二重らせん構造だった！　この写真をもとに計算すれば正確な分子模型がつくれるぞ……

それなら！

ウィルキンスからこっそり最新のDNAのX線写真を見せてもらったとき、ワトソンは今まで追い求めていた正しいDNAの姿が写し出されていると気づきました。その写真には二重らせん構造の証拠が写っており、塩基同士の間隔や、回

転角についての正しい情報も読み取れたのです。

ワトソンは研究所に急いで戻り、クリックに写真の話をしました。クリックはすぐに計算をやり直し、二重らせん構造で間違いないと確信しました。また、すでにエルヴィン・シャルガフ（P132）が塩基のAとT、GとCが同じ割合で存在することを明らかにしていたので、ワトソンとクリックはシャルガフの主張とフランクリンのデータを組み合わせた分子模型をつくることにしました。そうして、写真にぴたりと合う二重らせん構造のDNA分子構造ができあがりました。

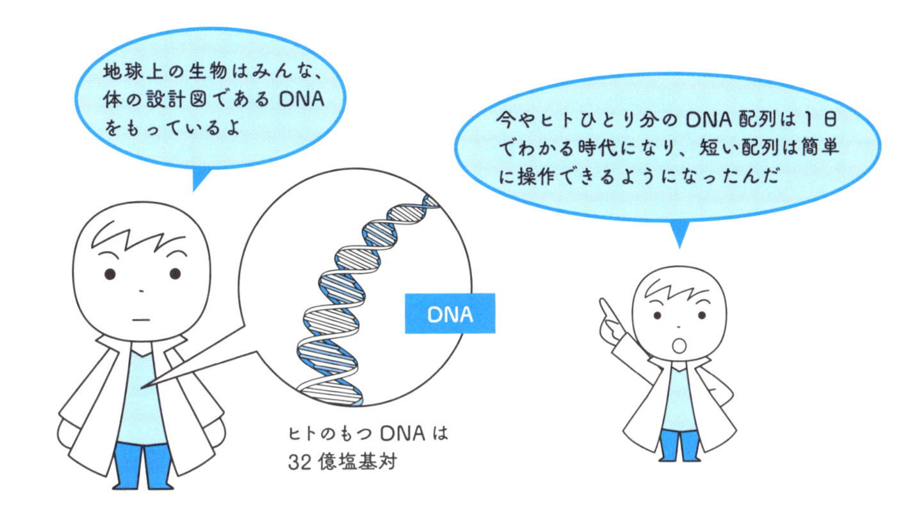

After HiraMeki 後！

このときのDNA分子構造の骨格は、地球上のすべての生物に共通するものとして世界中に受け入れられました。DNAは体の設計図と呼ばれ、細胞の複製やタンパク質の合成など、体の中で欠かせないしくみをつくり出しています。また、DNAが物質的に理解されるようになったので、分子生物学の急速な発展を促すことになりました。

ビジネスでHiraMeki!

仲間とひとつのことを成し遂げるという強い気持ちをもって議論をしよう！　お互い同じゴールに向かって走ることで、周囲の人を巻き込み、よい結果が出せる！

偶然をものにする！　＼今回のテーマ／ 分子生物学

流行の波にのって駆け抜ける

オペロン説の提唱（1960 年）

フランソワ・ジャコブ（1920 ～ 2013 年）

フランスの医師・遺伝学者。大学で医学を学び、第二次世界大戦では軍医として北アフリカに配属され、ノルマンディー上陸作戦にも参加。戦後、微生物学に転向した。

ジャック・リュシアン・モノー（1910 ～ 1976 年）

フランスの生物学者。大学で自然科学を学び、遺伝学を研究することを決意。自身の携わった実験にパジャマ実験、スパゲティ実験など、親しみやすい名前を多く残した。

1950 年代、世はまさに大解析時代！

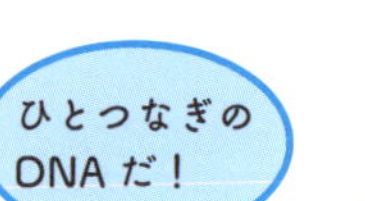

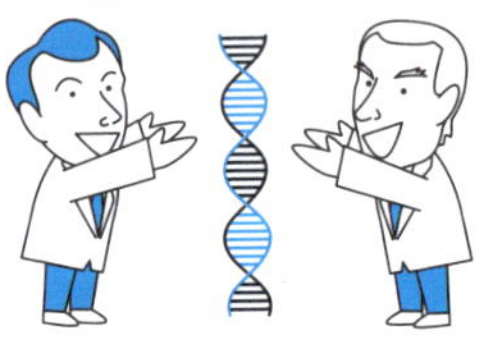

1953 年
二重らせん
構造解明

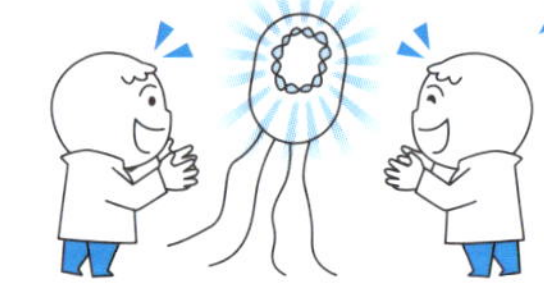

1952 年
大腸菌
プラスミド発見

1950 年代は分子生物学が生物学の主役に躍り出た時代でした。DNA が遺伝情報物質であり、遺伝子が生命現象を生み出すタンパク質をつくる設計図であることが明らかになったため、生物個体を実験に使わず、試験管内で実験を進められるようになりました。当時は何もかもが未開だったため、やればやるほど結果が出る分野でもありました。1952 年に遺伝実験に使いやすい環状 DNA プラスミド発見、1953 年に DNA 二重らせん構造の発表など、現代につながる重大な発見がいくつもされました。

※実際にはパジャマは着ていません

ジャコブとモノーも、精力的に研究を行っていました。アメリカ人科学者パーディを加えた3人で行った通称パジャマ実験（パジャモ実験）は、のちのmRNA（タンパク質の設計図となるRNA）の発見につながる成果を挙げました。波に乗ったジャコブとモノーは、今度は大腸菌の物質合成について研究することにしました。大腸菌は周囲に乳糖があるときのみ、乳糖を分解する酵素（βガラクトシダーゼ）を合成します。まるで大腸菌に意思や知能があるような現象でしたが、彼らは分子レベルで説明できると考えたのです。

βガラクトシダーゼ合成遺伝子の前には、むやみに合成を始めさせないための「オペレーター」と呼ばれる部分があります。ここに「リプレッサー」と呼ばれるタンパク質が結合していることで物理的に合成が制御されていますが、リプレッサーに乳糖が結合すると、オペレーターからリプレッサーがはずれ、βガラクトシダーゼの合成が可能になります。

遺伝子があっても、そこから常にタンパク質が生産されているわけではありません。タンパク質は、どういうきっかけで、いつつくられるのか。ジャコブとモノーの研究は、この謎を解明しました。タンパク質の生産が制御されるしくみをDNAと遺伝子の概念を用いて説明できただけでなく、大腸菌という生物のふるまいを遺伝子レベルで説明できたという点で、彼らの研究成果は大きなインパクトがありました。これにより、彼らはノーベル賞を受賞することになります。

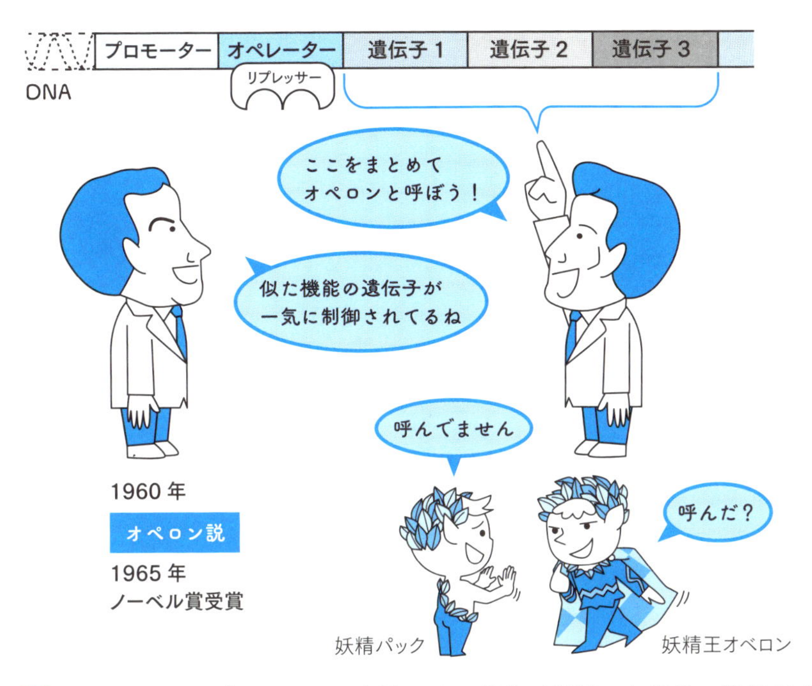

ジャコブとモノーの実験では、機能が関連した複数の遺伝子が、オペロンと呼ばれる構造にまとめられて制御されているしくみが明らかになりました。これはのちに、大腸菌に限らず、原核生物全般の特徴であることも明らかにしました。

ビジネスで HiraMeki!

新しく発達した分野はまだ何の役に立つかもわからない。そこに予算・人員を投入することで、ライバルに先んじて大きな成果を挙げられるかも！

偶然をものにする！　＼今回のテーマ／ 分子生物学

ひとつひとつは不確かでも数で圧倒する

PCR 法の発明（1983 年）

キャリー・マリス（1944 ~ 2019 年）

アメリカの科学者。1966 年にカリフォルニア大学バークレー校大学院で生化学を専攻。在学中、論文誌『ネイチャー』に論文が受理されたが、博士論文審査はもめた。小説家を目指すがうまくいかず、数年間医学系の研究室を転々とする。1979 年バイオテクノロジーベンチャー企業に入社し、初めて DNA 合成について学ぶうちに、PCR 法による DNA の増幅方法を考案。1993 年にノーベル化学賞を受賞。

生命の遺伝情報を操作できる時代

マリスが活躍し始める 1970 年代は、遺伝子工学が生物学の強力な武器として、認知されつつある時代でした。マリスは DNA という生命の遺伝情報物質が、単なる化学物質であることを知り、DNA 合成の研究に夢中になります。1979 年にシータス社の DNA 合成研究グループに所属したマリスは、「それまでの生涯で一番働いた」「仕事がすごくおもしろかった」と自身の著作で述懐しています。

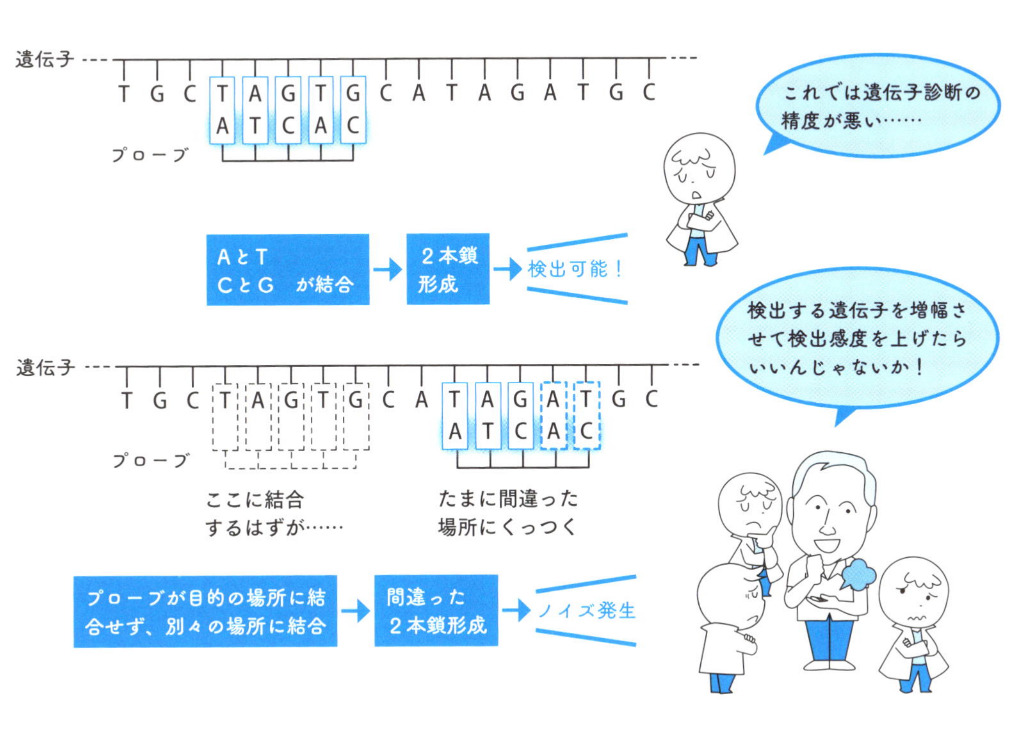

当時シータス社では､病気に関する遺伝子診断法の開発を進めていました｡個々人の DNA の塩基配列の違いにより、疾患遺伝子を保持しているか否かを診断するわけです。

研究グループはすでに、検査する DNA の疾患にかかわる遺伝子と正常な遺伝子にそれぞれ特異的に結合する「放射線で標識された DNA 断片（プローブ)」を開発していました。しかし、プローブが誤って目的とは別の場所に結合してしまうなど、検出制度に課題がありました。そこでマリスは、研究グループの誰もが思いつかなかった診断法の提案をすることになります。

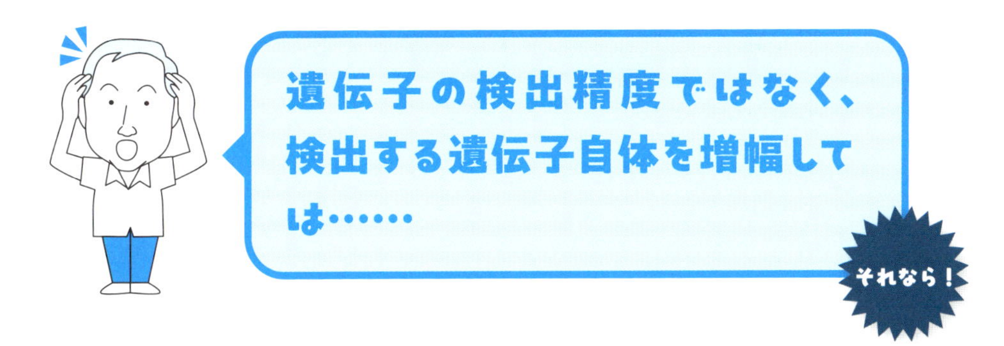

ガールフレンドとのドライブ中に、マリスはひらめきます。グループの研究員の大半は、検出精度の向上を検討していましたが、マリスは検出する遺伝子自体を増幅できる、非常に簡単な方法を考えついたのです。それがPCR法（ポリメラーゼ連鎖反応）で、当時の遺伝子診断を飛び越えた革命的な技術でした。

マリスはコンピュータ・プログラミングを学んでいて、反復操作を繰り返すことで莫大な効果を得られると知っていたことも奏功しました。マリスの考えた反応では、間違った場所に結合して伸長したDNA鎖など、目的の長さとは異なるさまざまな長さのDNA鎖が生じます。このさまざまな長さのDNA鎖にも、プライマー（短いDNA断片。前述のプローブと似たもの）が正確に結合する余地があり、反復を繰り返せば繰り返すほど、正確なDNA断片が増加していくことになります。

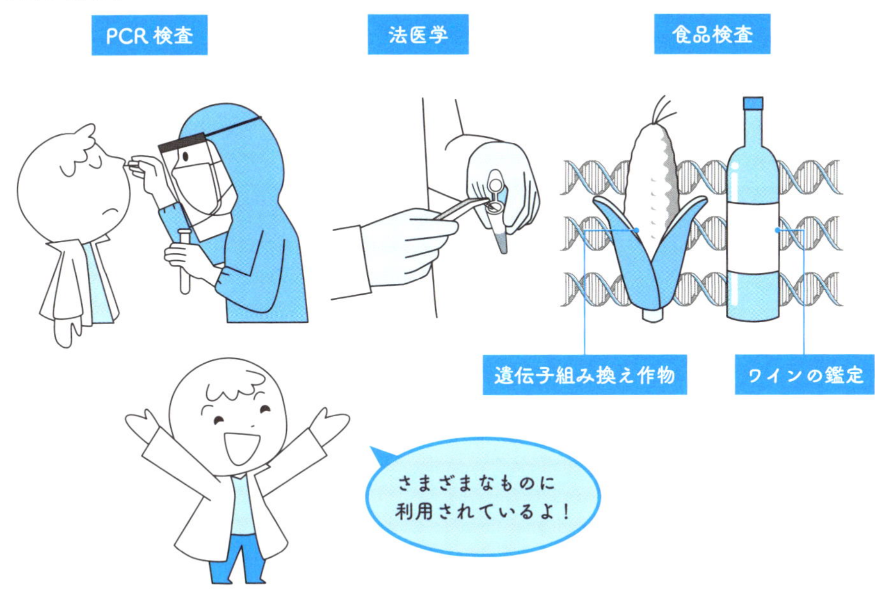

After HiraMeki 後！

マリスの考えたPCR法は当初、まったく社内で理解されませんでしたが、検証が進むにつれ、大変な発明であることが明らかになっていきました。方法が大変シンプルかつ簡単であるため、発明から約40年経過した今もなお、PCRは遺伝子工学の最前線で活躍しています。

ビジネスでHiraMeki!

DNA合成についての知識や経験がないまま、数年でPCR法を開発したマリス。奇想天外な発想と笑われても気にせず、自分の興味に打ち込むことが、ときに幸運をもたらすぞ！

偶然をものにする！　＼今回のテーマ／ 発生学

過去の失敗からヒントを得る

誘導物質アクチビンの発見（1988年）

浅島誠（1944年〜）

新潟県佐渡市生まれの発生生物学者。東京教育大学（現在の筑波大学）で、自然の中で生物を採り、研究する大切さを学ぶ。在学中にハンス・シュペーマン（P178）の本を読み、誘導物質の発見をしたいと考え、大学院卒業後にドイツ・ベルリン自由大学で誘導物質の研究を始めた。1974年横浜市立大学の助教授に。平日は授業、休日に研究を行い、1988年に誘導物質アクチビンを発見。

形成体から出る誘導物質を探せ！

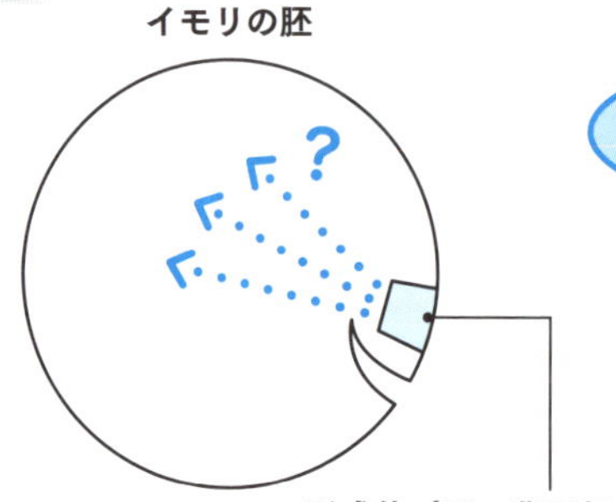

1924年、ハンス・シュペーマンはイモリの卵から少し成長した胚に、誘導物質を出して神経をつくらせる「形成体」と呼ばれる細胞群があることを証明しました。脊椎動物にとって、脳や神経は要といえる臓器です。浅島はシュペーマンの本を読み、シュペーマンの実験から60年経過してもなお、誰も誘導物質を見つけていないという事実を知り、興味をもちました。

浅島は誘導物質探しのためドイツに留学し、ニワトリから抽出した候補物質と、イモリの胚を使った地道な実験の技術などを学びました。そして、日本に戻ってからも研究を続けました。

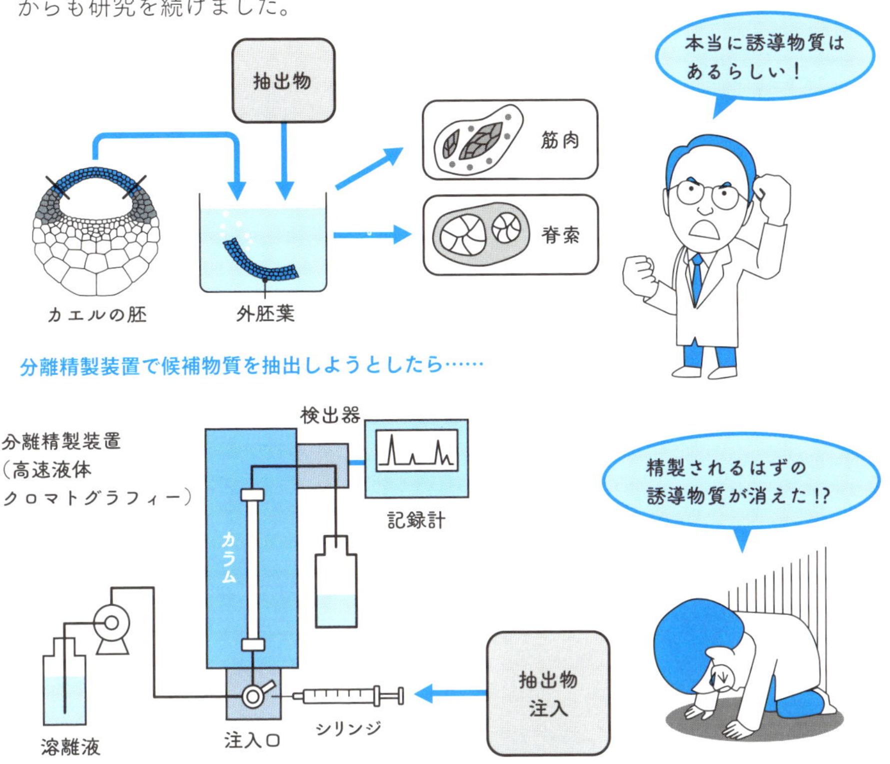

分離精製装置で候補物質を抽出しようとしたら……

浅島は、いろいろな生物から抽出した候補物質をカエルの外胚葉にかけ、何に分化するのかを調べました。すると本来外胚葉からはできない脊索や筋肉に分化したため、誘導物質が確かに存在することが証明されました。そこで誘導物質を特定するために、抽出物を精製装置（高速液体クロマトグラフィー）にかけました。ところが、精製装置を動かしているときに、誘導物質が消失してしまったのです。

機械にかける前には誘導物質は確かに存在していた。どこへ消えてしまったのだろう……

それなら！

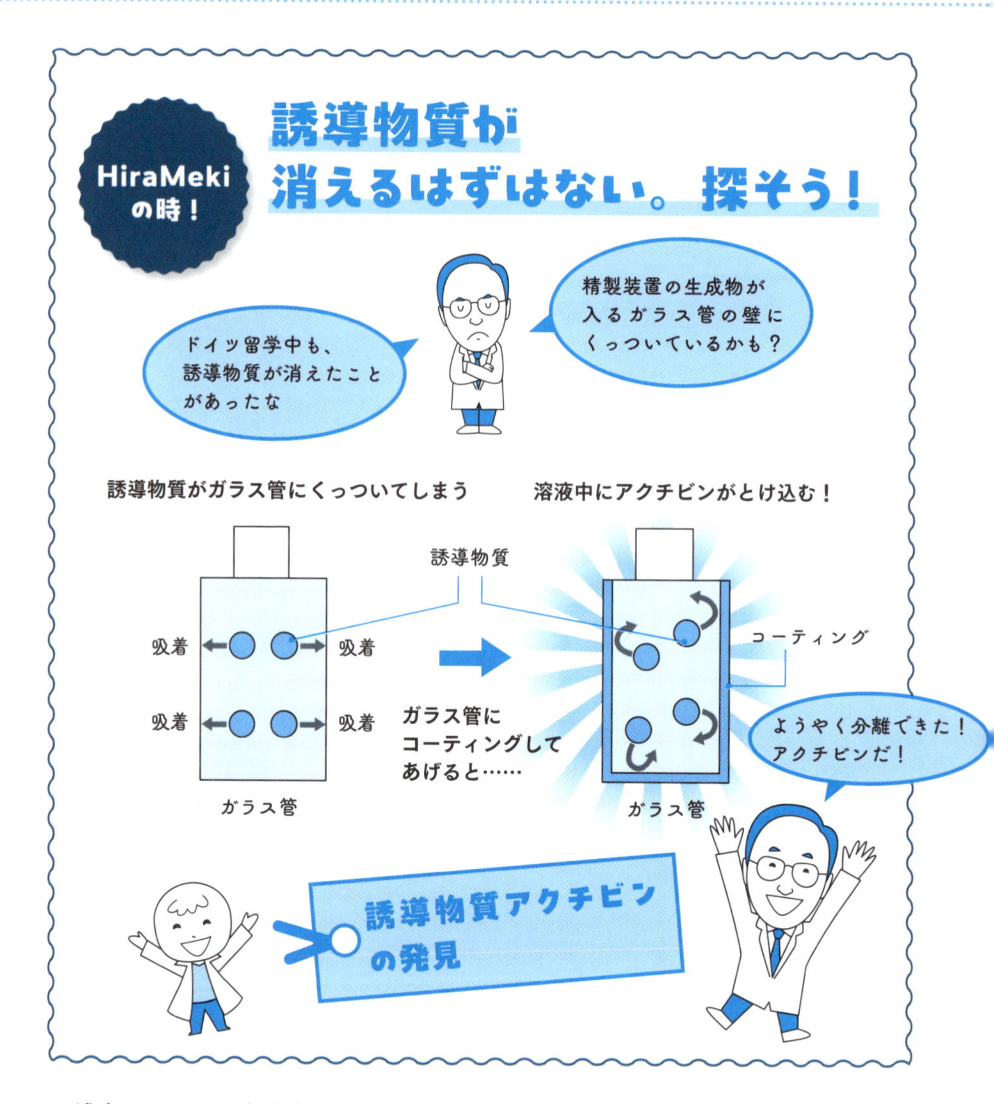

浅島は、ドイツ留学中にも、ニワトリ胚から半年かけて集めた誘導物質を精製しようとして消失させてしまった経験がありました。そのとき精製装置に残っているのではと徹底的に探しましたが、そこからは発見できませんでした。その経験から、今回も装置側には残っていないと仮説を立てて探しました。最終的に、誘導物質が集められるガラス管が怪しいと目星をつけ、ガラス管に誘導物質がつかないようアルブミン溶液でコーティングをしてから精製装置を動かしたところ、狙い通り誘導物質が検出できたのです。それがアクチビンでした。

濃度を変えたアクチビンにカエルの外胚葉を浸すと、さまざまな器官への分化が誘導されることがわかりました。また、それぞれの器官だけではなく、それらの集合体をもつ頭部構造や、拍動する心臓などもつくり出すことができました。アクチビンが発見されたことで、世界中で停滞していた誘導物質探しや、誘導物質が働くしくみの追求が活発に行われるようになり、生物の形づくりの研究がより進むようになりました。

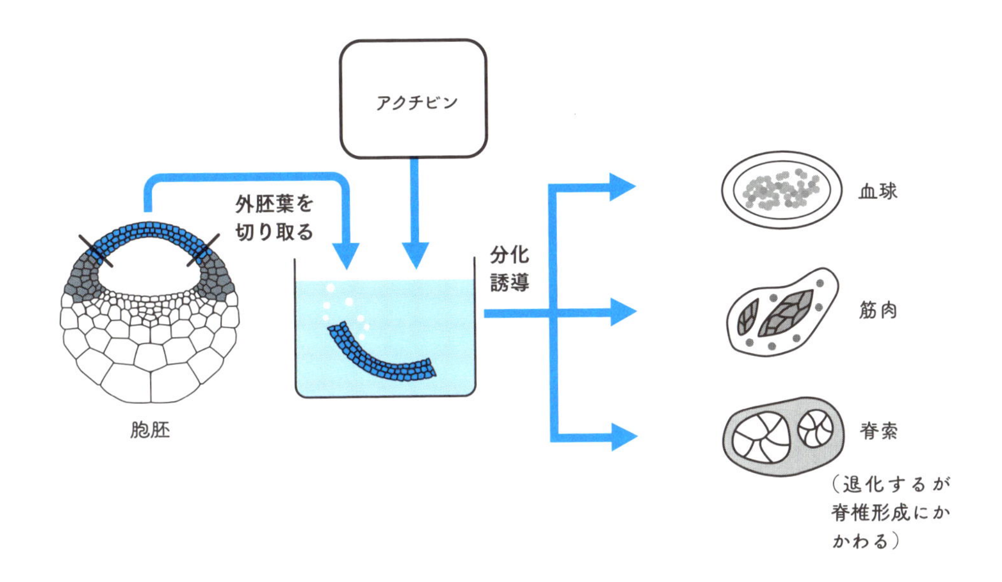

アクチビンのような臓器の分化を誘導する物質は、さまざまな動物で見つかっていきました。浅島の研究はiPS細胞のような未分化な細胞を、目的の組織や器官に分化させる再生医療にもつながり、今でも多くの研究者がアクチビンのような誘導物質を使っています。

ビジネスでHiraMeki!

情熱をもって仕事に取り組もう！　もし失敗しても徹底的に原因を追求し、学んだことを次に生かせる！

偶然をものにする！　＼今回のテーマ／ 発生学

足りないスキルは人に頼る

クローン羊ドリーの誕生（1996 年）

イアン・ウィルムット（1944 ～ 2023 年）

イギリスの発生生物学者。10 代の頃に農場で週末働いていたことをきっかけに、ノッティンガム大学で農学を学ぶ。ケンブリッジ大学で博士号を取得後、スコットランドのロスリン研究所に勤める。

キース・キャンベル（1954 ～ 2012 年）

イギリスの細胞生物学者。臨床検査技師として働き、21 歳でクイーン・エリザベス・カレッジに入り微生物学を学ぶ。研究職や博士課程を経て、1991 年からロスリン研究所の研究員に。

違う個体だけど遺伝子は一緒

遺伝情報が同じ
＝
色や形などの特徴が同じ

クローンという言葉は現在ではさまざまな場面で広く使われていますが、その語源はギリシア語の Klon（小枝）です。1903 年、アメリカの植物学者ハーバート・ジョン・ウェバーが「ひとつの親から無性生殖で生まれた生物の集まり」を指す造語として使用したのが始まりでした。現在の生物学用語としては「お互いに遺伝的に同一である個体や細胞の集合」という意味です。たとえばクローン牛なら、その集団の牛たちは全員が同じ遺伝子の組成をもっています。

クローン動物の作製には、受精卵と体細胞を使う2種類の方法があります。先に研究されていたのは受精卵クローンで、脊椎動物では最初にカエル（1952年）、哺乳類では羊（1986年）と成功し、すでに利用可能な技術となっていました。しかし、これは両親の遺伝子を受け継いだ胚を分割するため、どのような形質になるかは予想がつかない面もあります。

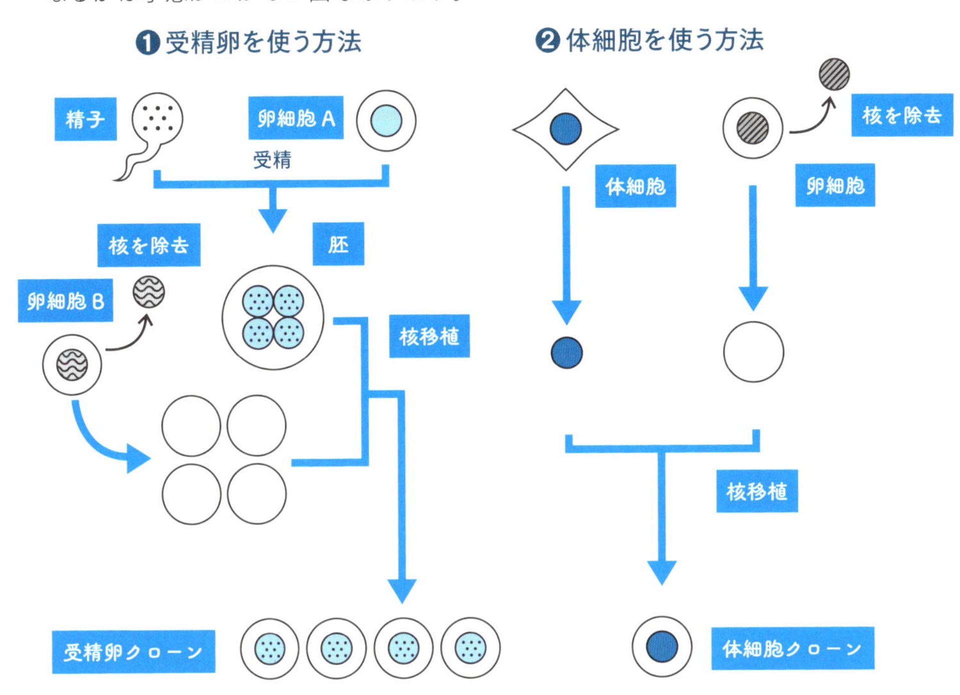

いっぽう、体細胞クローンは細胞を採取したドナーと同じ遺伝子組成となるため、ドナーと同じ形質が期待できます。しかし、体細胞はさまざまな組織に分化して機能が固定されているため、新たにほかの細胞や組織になるのは難しい一面があります。1975年にジョン・ガードン（P198）によりカエルで成功しましたが、哺乳類では無理だと考えられていました。

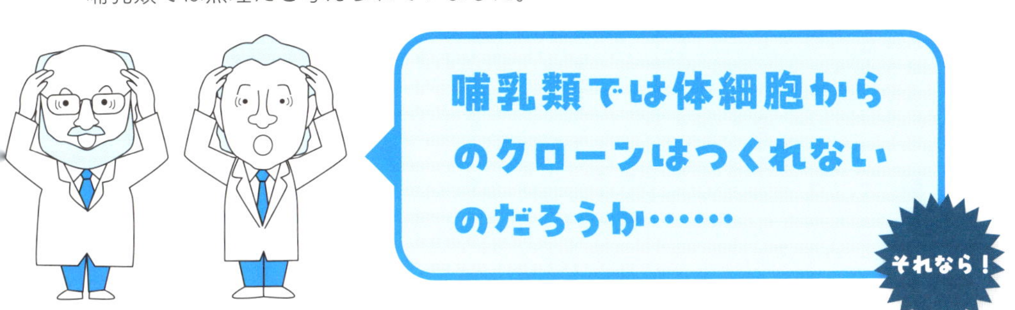

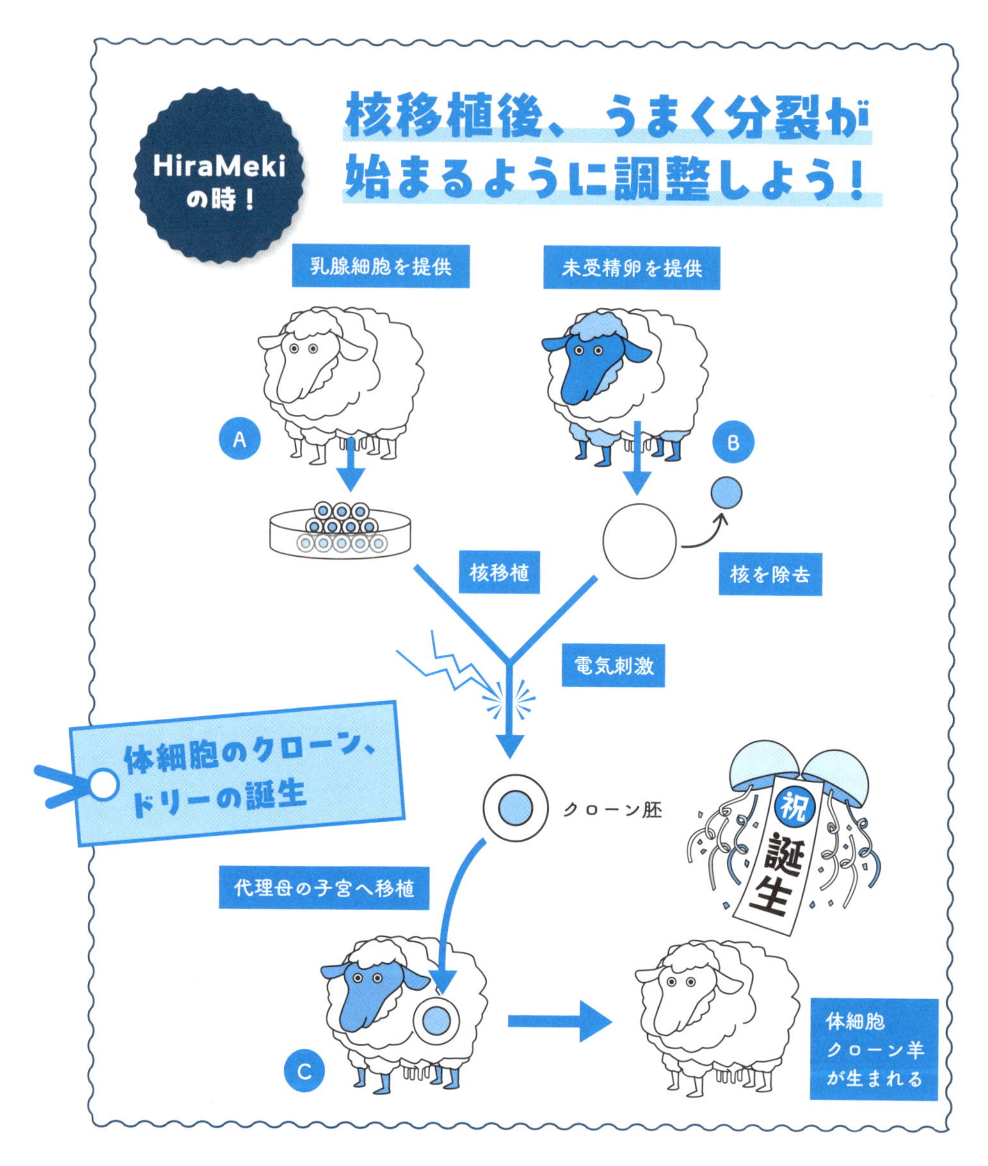

ウィルムットは体細胞クローンの研究中、移植する体細胞の核と受け入れる卵子の細胞周期を合わせる必要があると気づきました。そこでこの分野に詳しいキャンベルを採用したのです。キャンベルはちょうどよいタイミングに調整した体細胞を使用し、卵細胞に核移植と同時に電気刺激を与え、受精卵として新たに細胞分裂が始まるようにしました。このクローン胚を代理母の子宮に移植し、体細胞を採取したドナーと同じ遺伝子組成のクローン羊が誕生したのです。

最初は生後間もない子羊をドナーにしていましたが、さらに大人（6歳）の羊から採取した体細胞を使い、277個のクローン胚を作製。それらを13頭のメスに移植したところ、1頭だけが無事に妊娠し、1996年7月5日に出産しました。これがかの有名なドリーです。ドリーの誕生は翌年発表されました。このニュースは「クローン人間も実現可能なのか？」と、瞬く間に世界中で議論を巻き起こしました。ウィルムットがそれは理論上可能であることを認めると、主要国首脳会議、カトリック教会、国連がクローン技術の人間への応用を禁止する声明を出すなど、人類の科学史の大きなターニングポイントとなったのです。

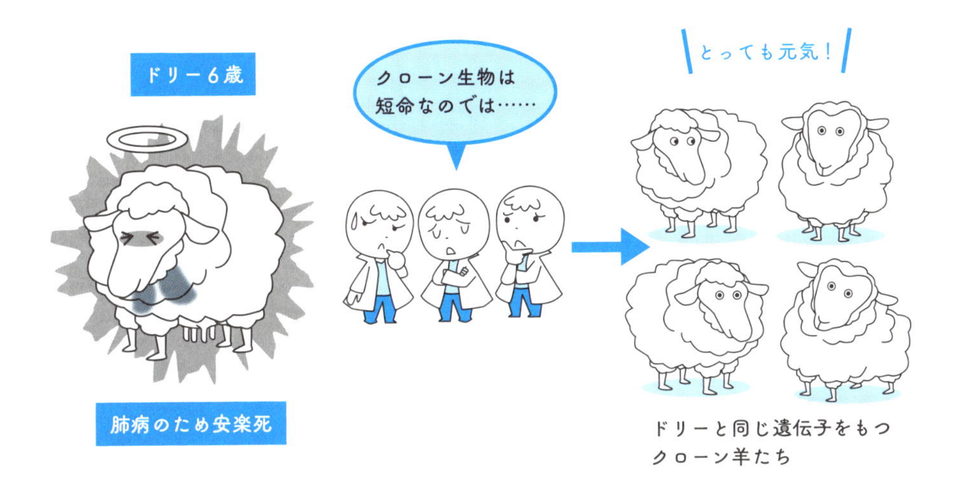

After HiraMeki後！

クローン動物は生まれたときから細胞が老化していて、短命なのではと思われていました。しかしドリーと同じドナーの細胞から生まれた別の4頭を含む、13頭のクローン羊の成長後の調査の結果、クローン動物特有の健康上の問題はありませんでした。体細胞の核移植や分化のタイミングなど、ドリーの研究で得られた成果は、山中伸弥（P156）のiPS細胞の発見へとつながっていきます。

ビジネスでHiraMeki!

研究上の課題解決に必要なスキルをもったキャンベルを採用したウィルムット。そのおかげで見事、歴史に残る成果がもたらされた。チームに足りないものを見極めよう！

偶然をものにする！ \ 今回のテーマ / 発生学

分野の違う人に話すと新しい考えが得られる

iPS 細胞の作製（2006 年）

山中伸弥（1962 年～）

大阪市生まれの再生医療研究者。医学の道を志し、大学院で研究の楽しさに目覚める。その後米国グラッドストーン研究所へ留学し、大阪市立大学医学部助手に。奈良先端科学技術大学院大学で再生医療の研究を進め、京都大学で iPS 細胞（人工多能性幹細胞）開発に成功。2012 年にノーベル生理学・医学賞を受賞した。現在は京都大学 iPS 細胞研究所で名誉所長、教授を務め、研究を続けている。

シャーレの上でヒトのさまざまな細胞をつくることができる

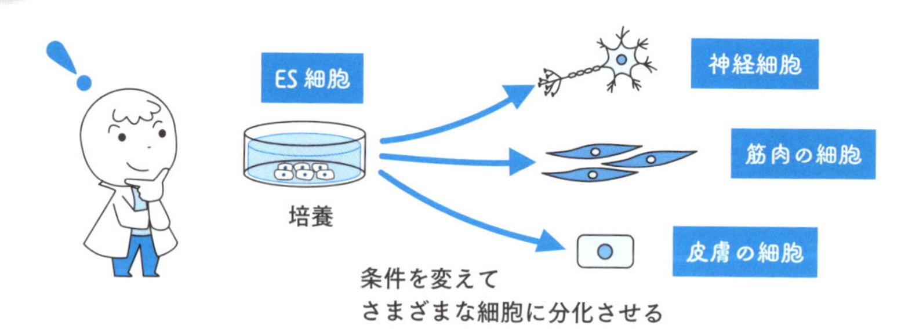

1998 年、ヒトの ES 細胞（胚性幹細胞）がつくられました。受精卵が少し成長すると、胎盤になる部分と将来体になる部分に分かれます。後者の細胞を取り出し、シャーレの上で育てたものが ES 細胞です。この細胞は、将来体になる「胚」からとられ、皮膚や心臓など体中のほぼすべての細胞になる能力がある万能細胞であることから ES 細胞と呼ばれています。しかし、ES 細胞は将来人間になれる細胞からとることから、倫理的な問題があるとされていました。

山中は、奈良先端科学技術大学院大学に着任した頃、一度役割の決まった体細胞を、ES 細胞のような幹細胞の状態に戻す研究をしようと決意しました。研究室の学生を募集する際、新入生に熱意をもってビジョンを話し、それに応えて 3 名の学生が山中の研究室に入ってきました。

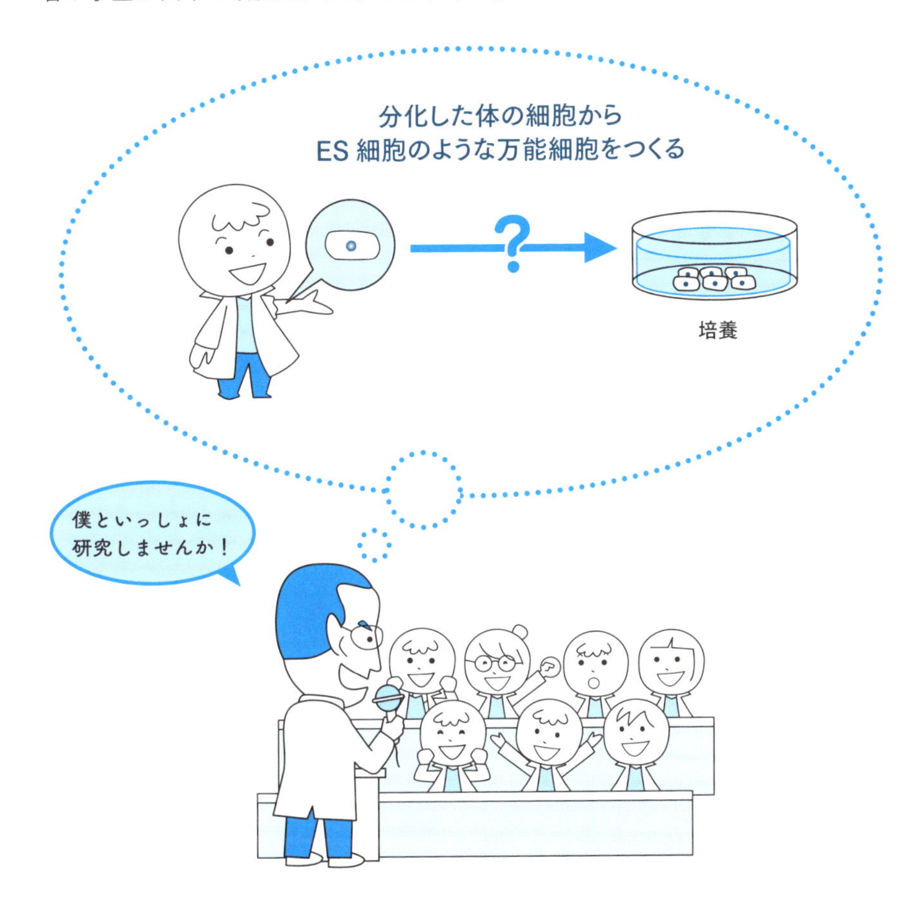

大きなビジョンで仲間は集まったけど、難しい研究になるぞ……

それなら！

奈良先端科学技術大学院大学には、植物など異分野の研究者が多く在籍していました。山中が体細胞から万能細胞をつくりたいというビジョンを語ったところ、植物の研究者は、植物の世界では万能細胞はありふれたものだと教えてくれました。植物の茎を切って土に植え、根や葉を発生させる「挿木」という栽培方法があり、茎を切った部分には何にでもなれる細胞が生まれるというのです。

山中は、ヒトの皮膚細胞をES細胞のような細胞にするには、細胞にはたらきかける遺伝子が必要だと考えました。そこで、ES細胞からほかの細胞に変わるときにかかわる遺伝子をデータベースから絞り込み、実験で必要な遺伝子を特定しました。その結果、山中ファクターと呼ばれる4個の遺伝子を突き止め、2006年にマウスiPS細胞、2007年にヒトiPS細胞の作製を成し遂げました。

ヒトiPS細胞のつくり方

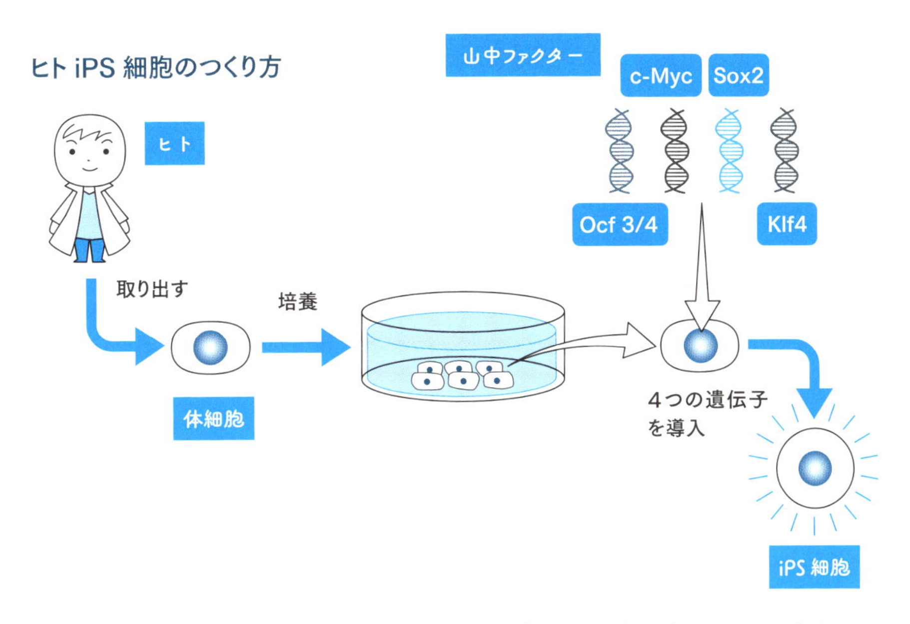

After HiraMeki 後！

今では、世界中でiPS細胞を使った研究が行われています。iPS細胞は、病気の人の病気の細胞をシャーレの上でつくることができるので、候補薬を試したり、元気な細胞から病気の細胞になる過程を観察したりという活用ができます。ただ本人の細胞からつくると高額なため、免疫拒絶反応が起こりにくい特別な人からつくったiPS細胞を保存し、元気な細胞に変えて病気の人に移植する試みも検討されています。

ビジネスでHiraMeki!

分野の違う人と自分の取り組んでいる仕事の話をすると、新しい発見が得られることがある。臆することなく、悩んでいることを共有しよう！

\Part/

突きつめる!

効率化を図ることは重要だが、やはり地道な努力も欠かせない。本章では試行錯誤を繰り返しつつ、とことん研究に取り組んだ計15名の生物学者を紹介する。失敗も成功も含め、彼らの残した実績は、わたしたちにひたむきな姿勢の大切さを教えてくれるはず！

突きつめる！　＼今回のテーマ／ 細胞学

近いジャンルの知識で自説を強化する！

植物の細胞説（1838年）

マティアス・ヤーコプ・シュライデン（1804～1881年）

医師の父のもと、ハンブルクに生まれた。ハイデルベルク大学で法学を学び、故郷にて弁護士として開業したがうまくいかず、1832年自殺未遂を起こした。その後、植物学に転向。1831年イエナ大学を卒業後、1838年に細胞説を提唱。1843年に完成した主著『科学的植物学概要』が評判となり、植物学教科書の典型となる。ダーウィニズムを受け入れた最初のドイツ人生物学者のひとり。

Before HiraMeki 前！

系統学が主流だったドイツの植物学

哲学や医学の知識にも長けていたシュライデンですが、気性が荒い一面もあったようです。同僚の植物学者たちを「花をむしって名前をつけ、乾かしては紙に貼り付ける人、枯草に全知全能をかける人」と軽視していました。新種の発見や命名にばかり専念し、科学的考察や実験を重視していないと批判していたのです。

シュライデンは、生物学の発展を心より願っている人でもありました。化学が「物質は分子や原子からできている」と考えられているように、生物学も生物の体が何からできているかを明らかにすれば、研究の対象が明確になり発展するのではないかと考えたのです。そこで目をつけたのが「細胞」でした。1590年代に顕微鏡が発明され、その後ロバート・フックがコルクの標本に見られた小さな穴を「細胞（cell)」と呼んでから、160年以上の月日が経っていました。

シュライデンがベルリン大学の植物学者であった頃、テオドール・シュワンは同じ大学で動物学者をしていました。それぞれ別の角度から、生物の体が何からできているかを研究していたのです。シュライデンは植物の体は細胞からできていると考えていましたが、すべての生物がそうなのか確信がもてませんでした。

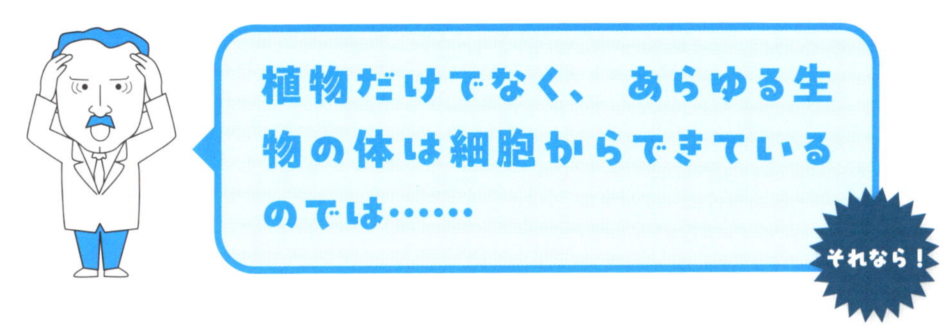

1837 年 10 月、ふたりは同席した場で「生物が細胞からできていて、その細胞には必ず核がある」という話で意気投合しました。すぐにシュライデンは顕微鏡で観察し、動物も細胞からできていると確認できました。そして 1838 年、植物の基本的単位は細胞であり、独立の生命活動を営む最小単位であるという植物の「細胞説」を発表しました。いっぽう、シュワンも翌年に動物の細胞説を発表しました。

シュライデンは「細胞説」のなかで、個々の細胞がどのように形成されるかを論じています。のちに「細胞内細胞形成」とも呼ばれるこの方法は、既存の細胞の内部に新しい核が出現し、その核の表面で透明な小胞がしだいに大きくなって細胞に成長するという、今では誤りとされているものでした。当時の顕微鏡でも細胞分裂の過程が観察されていたため、多くの研究者から細胞の増え方については反論が投げかけられました。しかし、気の強いシュライデンは自身の考えをなかなか曲げませんでした。最終的には、シュライデンが仲間と認めるスイスの植物学者カール・ネーゲリに指摘され、誤りを認めました。細胞は細胞分裂をして増えていくという考えは、ドイツのルドルフ・フィルヒョウが 1855 年に提唱しました。

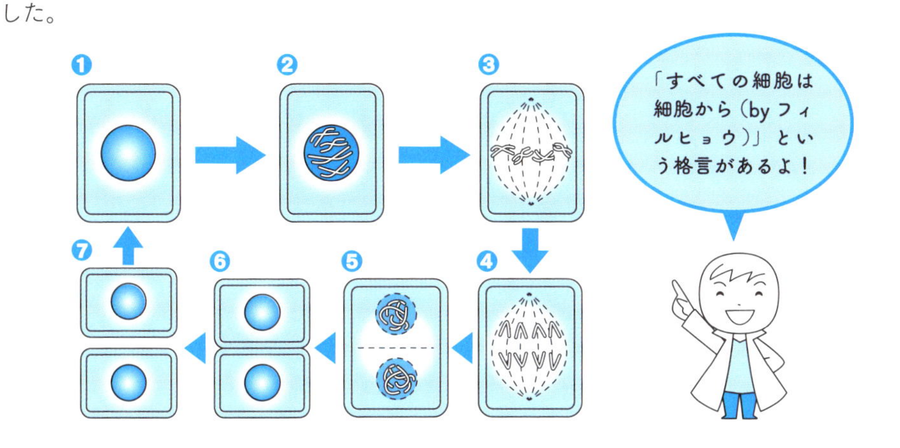

「すべての細胞は細胞から（by フィルヒョウ）」という格言があるよ！

After HiraMeki後！

フィルヒョウは、シュライデンやシュワンが打ち立てた細胞説を医学に取り入れ「細胞病理学説」を唱えました。人体は細胞の共和国にほかならず、病気の原因も個々の細胞にあると主張しました。またフィルヒョウは細胞の異常な増殖が、がんを引き起こすことも明らかにしています。シュライデンから始まった細胞説の提唱は、現代の分子レベルの研究につながる非常に重要なものとなりました。

ビジネスで HiraMeki!

常識にとらわれず、植物の体が何からできているかという本質を突き詰めたシュライデン。知見を踏まえて、競合するジャンルのなかにも共通点を探ってみよう！

突きつめる！　＼今回のテーマ／ 遺伝学

とことん実験を繰り返す！

メンデルの法則（1865 年）

グレゴール・ヨハン・メンデル（1822 ～ 1884 年）

チェコの宗教家。貧しい農家に生まれたが、優秀だったため家業はつがず進学した。進学のために妹の結婚資金の提供を受け、家庭教師で稼ぎながら、教育や自然科学の研究ができる修道士になった。修道院では、仕事の一環で遺伝のしくみを実験で確かめ、修道院長まで上り詰めた。1884 年、人々に惜しまれながら死去。1865 年に遺伝の法則を発表したが、1900 年の再発見まで受け入れられなかった。

Before HiraMeki 前！

品種改良はよい個体を選んでいくことでできる

ナップ修道院長

よい個体を選ぶより、
遺伝の原理を明らかにしたほうが
よい品種改良ができるはず！

メンデルが生まれたハイツェンドルフ（現在のチェコ・シレジア）は、当時、オーストリア帝国に属していました。帝国は、修道院と修道士の数を減らしており、修道院存続のためには、修道院自身が経済活動を行う必要がありました。農業も行っていましたが、当時の品種改良の方法はよい個体を選別することだったので、セント・トーマス修道院の修道院長キリル・ナップは、遺伝法則に則った品種改良をすることが必要だと考えていました。

その頃メンデルは、ナップ修道院長のもと、セント・トーマス修道院の修道士として働いていました。仕事は、日本の小学5年生～高校生が通う中等教育機関での代用教員でした。生徒やほかの先生からの評判がよかったので正規の教員試験を受けましたが、残念ながら不合格でした。教員にはなれませんでしたが、ウィーン大学に研究生として通うことになりました。メンデルはこのとき、ドップラー効果のドップラー教授などから、物理学、数学を学び、とくに「実験」をして結果を得ることが研究にとって大事だと学びました。

メンデルは1853年にウィーン大学から戻り、教員をしながら翌年からセント・トーマス修道院でエンドウを使った交配の研究を始めました。タンパク質源として昔から利用されてきた栽培種が多くあり、自家受粉で数を増やすことができ、受粉すると種子ができる成功率が高いため、遺伝の研究にぴったりでした。メンデルは2年をかけて、7つの形質が遺伝的に安定していることを確かめました。

HiraMeki の時！

わかりやすい性質をもつエンドウを集めて、とことん実験してみよう！

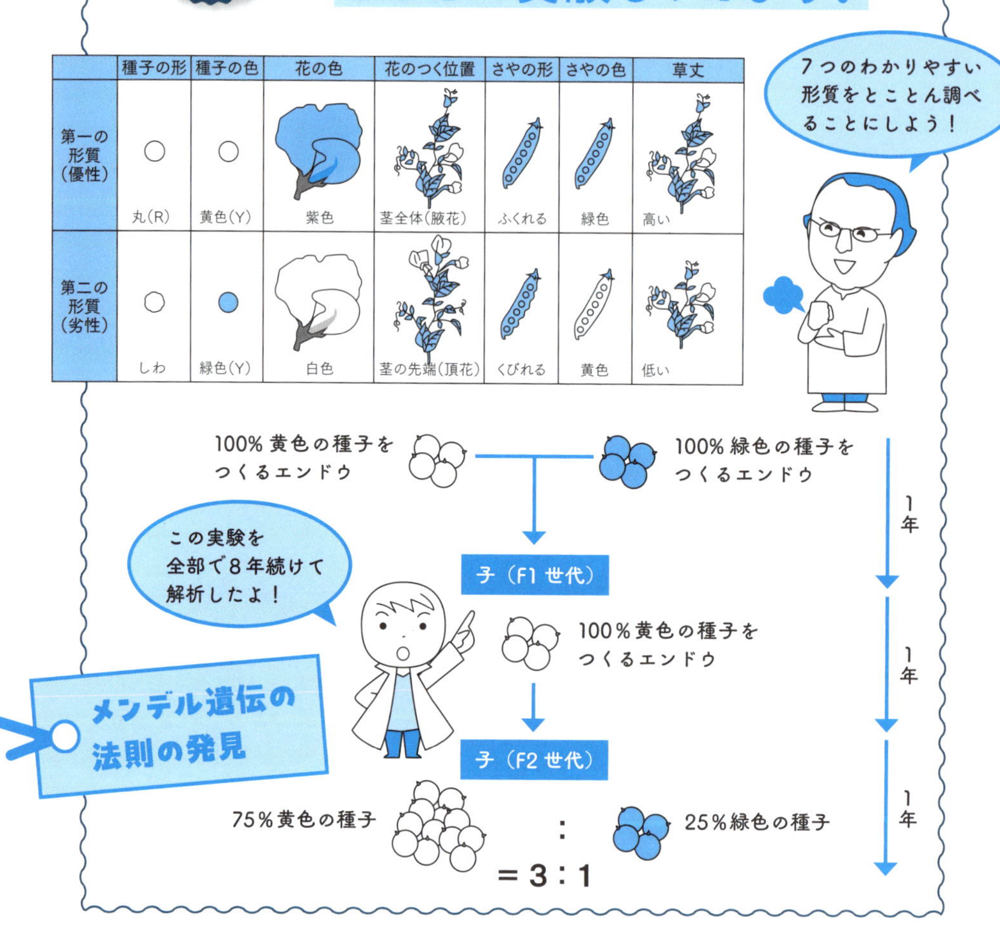

	種子の形	種子の色	花の色	花のつく位置	さやの形	さやの色	草丈
第一の形質（優性）	丸(R)	黄色(Y)	紫色	茎全体(腋花)	ふくれる	緑色	高い
第二の形質（劣性）	しわ	緑色(Y)	白色	茎の先端(頂花)	くびれる	黄色	低い

エンドウを使って遺伝の実験をするため、22種類のエンドウから明らかに形質の違う7種類の種子を選びました。たとえば、種子の色では、親世代として黄色の種子と緑色の種子を選び、片方の花粉をもういっぽうのめしべにつけ、袋で花ごと覆って育てました（自家受粉）。秋になると、子世代は黄色の種子のみが得られることがわかりました。メンデルはこの形質（黄色）を「優性」と呼び、

出てこなかったほうの形質（緑色）を「劣性」と呼びました。子世代の種子はすべて黄色でしたが、親世代の片方の種子は緑色の形質ですから、子世代にも緑色の形質も含まれているはずです。そこで翌年は、子世代の種子をまき、自家受粉させました。すると、優性と劣性の表現型両方が見られ、優性：劣性の割合が3：1になることがわかりました。このとき比較した種子の数は7324個。多くの種子を集め、ここからさらに5年かけて実験を行い、遺伝のしくみを明らかにしました。

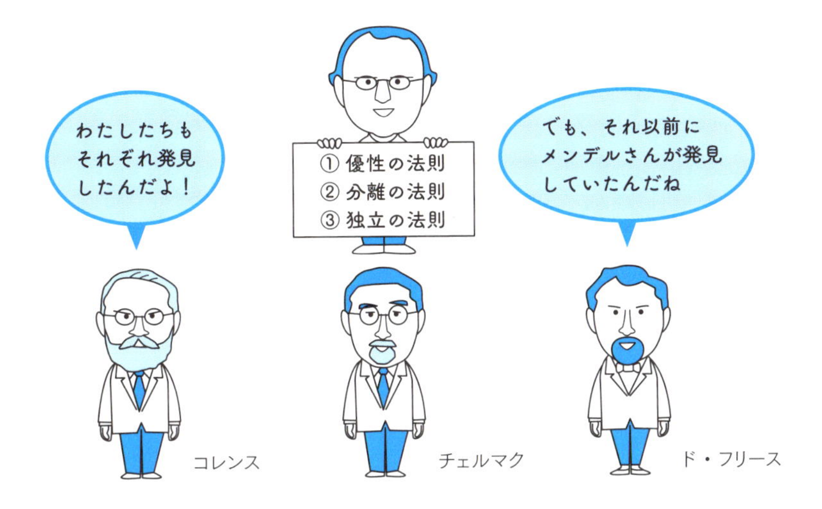

After HiraMeki後！

　メンデルは、1865年にブルノの自然科学研究会で研究結果を発表しました。しかし先駆的な研究すぎて、世界には受け入れられませんでした。1884年、メンデルは修道院長として惜しまれながら亡くなりました。メンデルの研究は、死後30年以上経ってから3人の科学者によって再発見され、メンデルの法則として広く知られるようになり、現在でも遺伝学の基礎となっています。

ビジネスでHiraMeki!

　常に仮説を立てて実験してみよう！ とことん実験結果を集めることで、新しいことが見えてくるはず！

突きつめる！　＼今回のテーマ／ 医学

スタンダードをつくっていく

炭疽菌の発見（1876年）

ロベルト・コッホ（1843～1910年）

ドイツの医師、細菌学者。鉱山技師の家に生まれ、大学で自然科学と医学を学ぶ。地方病院や野戦病院、自治体の保健担当などさまざまな仕事を行うなかで、自宅に設けた小さな実験室を使い、地域で問題となっていた家畜の炭疽病の研究を始める。その後炭疽菌、結核菌、コレラ菌など深刻な感染症の原因菌を特定し、1905年にノーベル生理学・医学賞を受賞した。北里柴三郎（P70）とは師弟関係である。

Before HiraMeki前！

原因も理由もわからなかった感染症の恐怖

ミアズマ説　　コンタギオン説

顕微鏡もない時代、次々と同じ症状が広がっていく感染症は得体の知れない恐怖の対象でした。紀元前4世紀頃は悪い空気によって病気が起こるという「ミアズマ説」が伝わり、香を焚いたり薬をまいたりして、悪い空気をかき消すことが感染症対策でした。しかし16世紀には、何かの物質や生命体が体内に入ることが感染症の原因という「コンタギオン説」が登場します。そこで患者を隔離したり、流行地域を閉鎖したりするという対策がとられ始めました。

さらに1860年代にはルイ・パスツール（P66）によって、空気中には目に見えない微生物がたくさんいるということ、そしてそれらが体内に入り込んだり、毒素をつくり出したりすることで、病気が発生するということがわかってきました。しかしどの微生物が、どんな病気を引き起こすのかという特定には至りませんでした。

当時ヨーロッパでは、高い致死率の炭疽病が家畜や人間の間で広がり、大きな問題となっていました。発症した動物の血液中には微生物がいることが確認されていましたが、それが病気の原因といい切れるだけの証拠はありません。また炭疽病が発生した農場は、繰り返し炭疽病が発生することがあり「死の牧草地」などとも呼ばれ、土壌自体に原因があるという考えも捨てきれなかったのです。

原因らしい微生物はいる。でも決定的な証拠がない……

それなら！

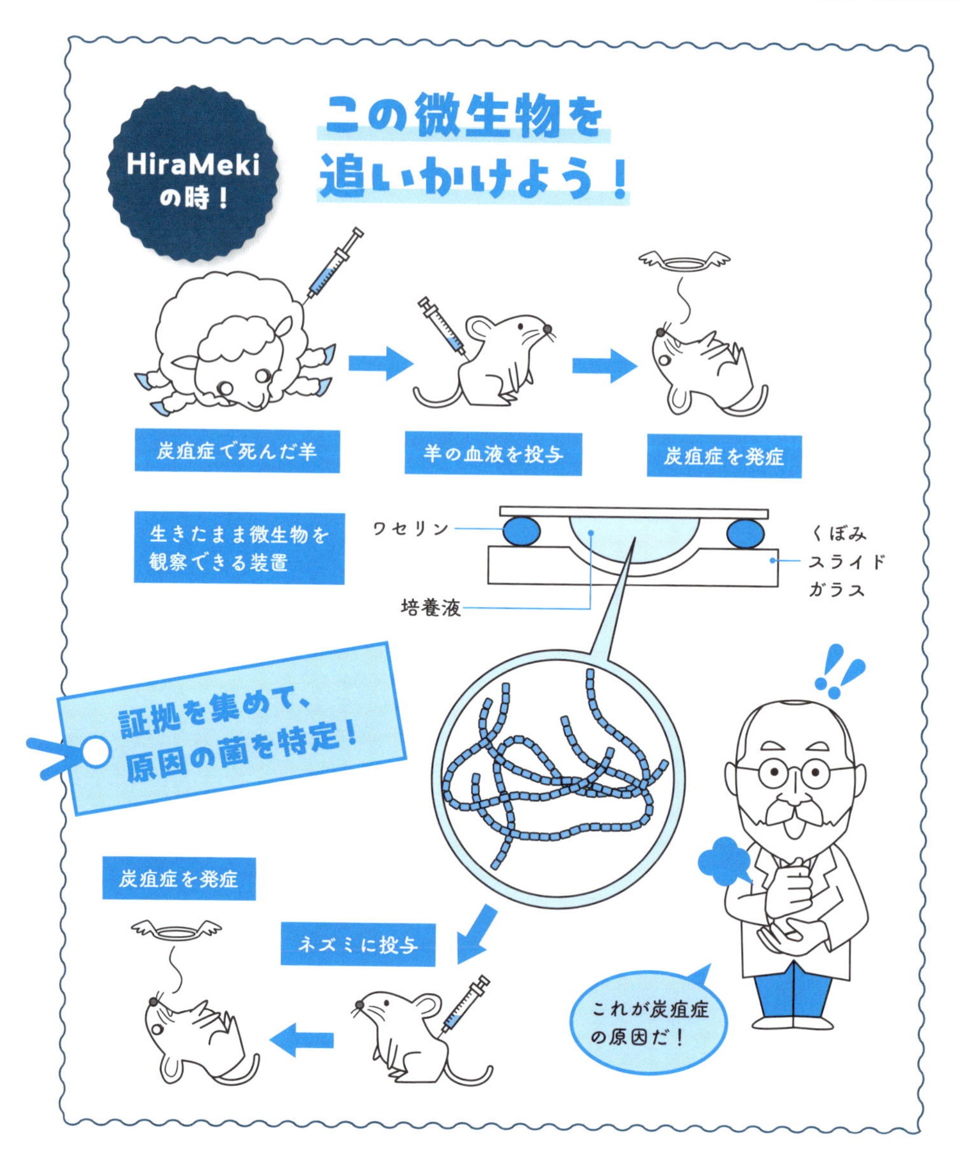

コッホは炭疽症で死んだ羊の血液を、健康なネズミに接種しました。ネズミは発症して翌日死にました。そのネズミの血液を別のネズミに接種すると、やはり死んでしまいました。繰り返していくと、発症した動物の血液には必ず細長い微生物が見つかりました。つまり、炭疽症と微生物の関係が明らかになったのです。微生物の長さはさまざまでしたが、分裂する間際のようなくびれたものがとくに病気の感染力が高いようでした。しかし、その血液も数日すると感染力を失ってしまうのです。

次に、微生物を生きたまま観察できる装置を考案します。するとこの微生物は、温度や湿度が最適な条件だと増殖し、過酷になると胞子になり休眠することがわかりました。胞子も条件が整えばまた活動を始めます。つまり「呪われた」土には炭疽菌の胞子が含まれていて、条件が整ったときに動物に感染していたということがわかりました。こうして初めて病気の原因となる微生物を分離、特定することができたのです。コッホはほかにも1882年に結核菌、1883年にコレラ菌と、当時多くの人の命を脅かしていた感染症の原因菌を特定していきました。

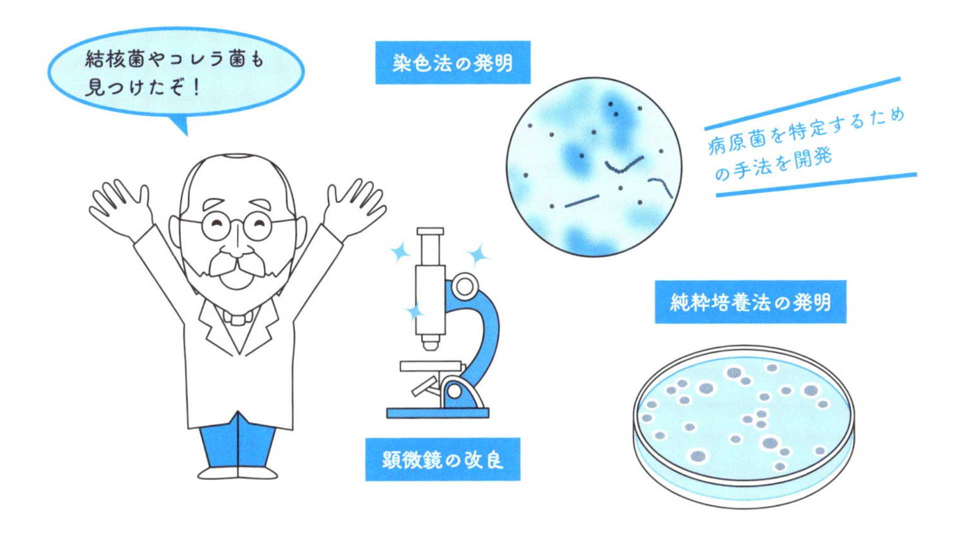

After HiraMeki後！

コッホはこれらの経緯から、菌と病気の関係を明らかにするための指針「コッホの４原則」を提唱。また染色法や固定法、純粋培養法などの実験手法を開発し、微生物学の基礎を築き上げていきました。1891年にはコッホ研究所がつくられ、世界中から多くの研究者が集まり、さまざまな感染症の研究が行われるようになったのです。1905年には「結核に関する研究」でノーベル賞を受賞しました。

ビジネスでHiraMeki!

感染症が細菌によるものだと明らかにしただけではなく、細菌を研究するために必要な多くの手法を開発したコッホ。前例のない問題にも、さまざまなスタンダードをつくり上げていこう！

突きつめる！　＼今回のテーマ／ 生物学

とにかくたくさん調べてみる

突然変異論の提唱（1901 年）

ユーゴ・ド・フリース（1848 ～ 1935 年）

オランダの植物学者。祖父は国立考古学博物館の初代館長、父は法務大臣となる学者肌の家族に生まれる。ライデン大学で生物学を学んだのち、1878 年にアムステルダム大学の講師となり、植物生理学や薬学を教える。1891 年にオランダ植物病理学協会を設立。1896 年にアムステルダム大学付属植物園の館長となる。過去の文献を調べるなかで、1865 年のメンデルの実験を再発見した。

Before HiraMeki 前！

環境に適したものが生き残り生物は進化してきた

ラマルクの進化論

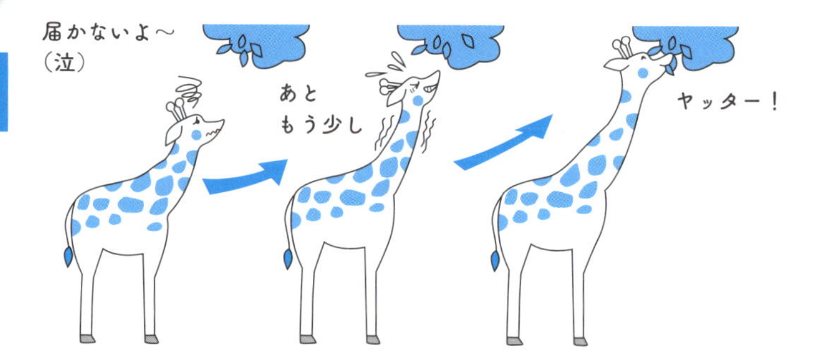

1809 年、ジャン＝バティスト・ラマルク（P116）は生物の進化について「要不要説」を提唱しました。「生物は特定の器官を多く使えばそれが発達し、使わなければ萎縮していく。この変化がオスとメスで共通にある場合、両者の子どもにその変化が遺伝する」というもの。つまり親世代が獲得した形質が、子どもにも遺伝するのではと推測したのです。これはよく「高いところの葉を食べるために首を伸ばした結果、キリンの首が長くなった」という説で紹介されてきました。

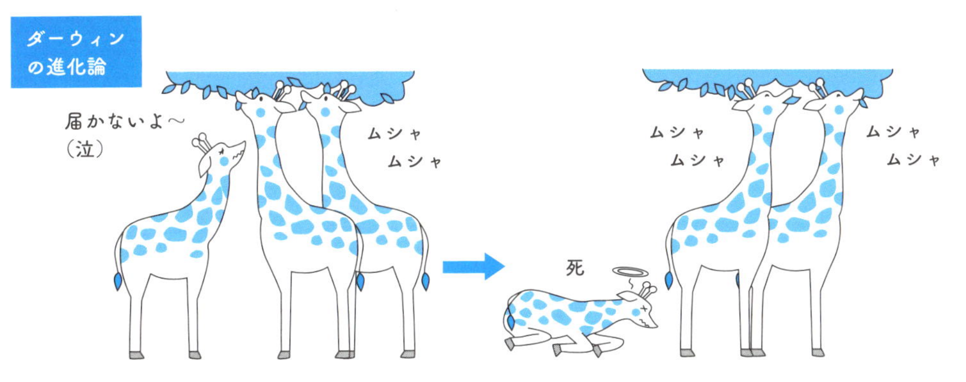

その後1859年にチャールズ・ダーウィン(P28)が「自然選択説」を提唱します。変異で得た形質が親から子へ遺伝し、「環境に有利な形質をもった生物が生き残って種分化が起きる」という説でした。環境に合うよう意図的に進化したのではなく「その形質がたまたま環境に合っていたから生き残った」というものです。

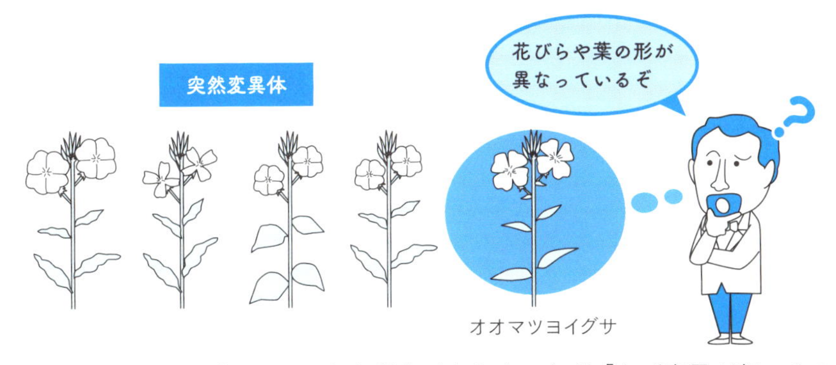

ド・フリースはダーウィンとも親交がありましたが「なぜ変異が起こるのか」という点に疑問が残り、自らも遺伝の研究を始めました。そして1886年、放棄された畑に生えていたオオマツヨイグサの中に変わった形のものがいくつかあることに気がつきます。そこで実験農園にもち帰り、育ててみることにしました。

何で変わった形質が生まれるのだろうか……

それなら！

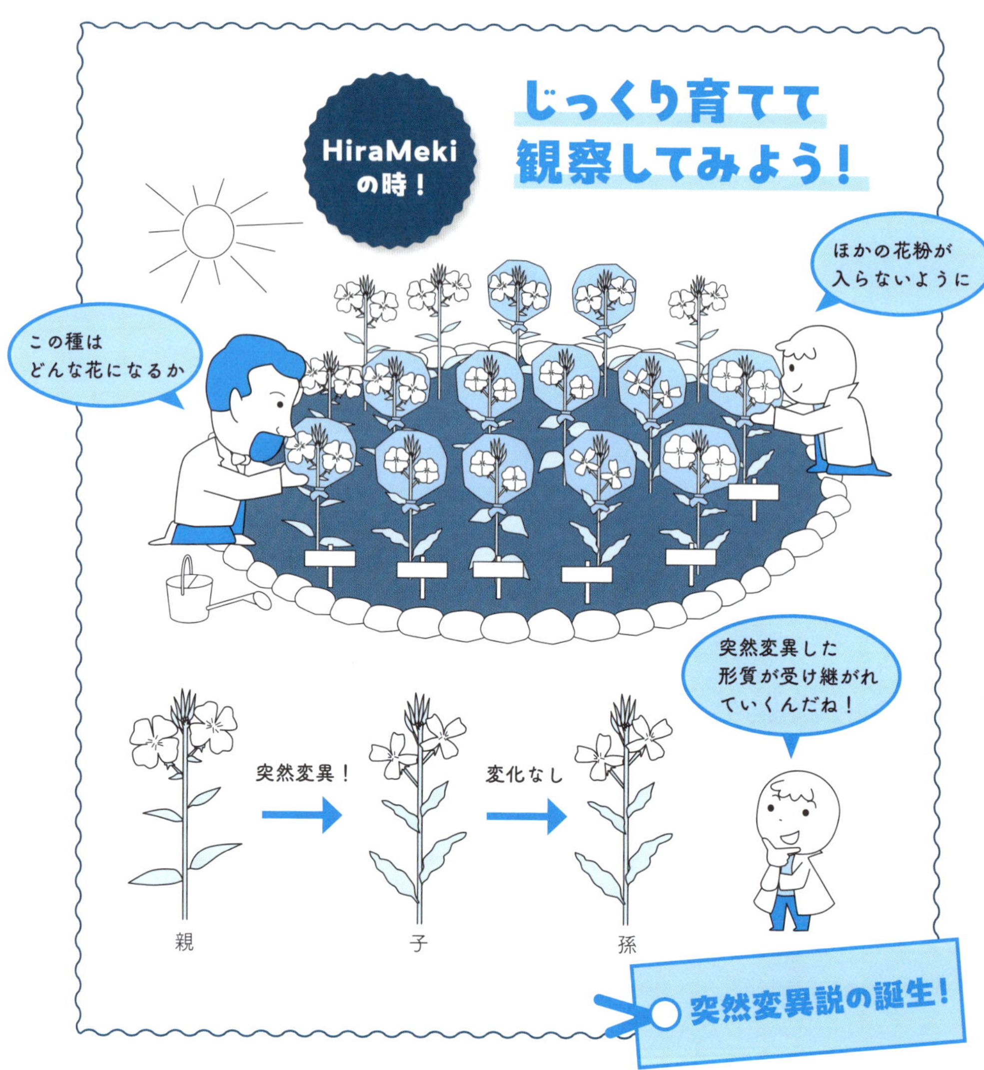

ド・フリースはオオマツヨイグサを、互いにほかの花粉の影響を受けないように袋をかぶせて何世代にも渡り育てました。すると親とは違った形の花を咲かせるものが出てきたのです。そしてその次の世代でもそれと同じ形の花が出てきました。ダーウィンは「変異は自然淘汰により少しずつ積み重なっていくのでは」と考えていました。しかし実際には「変異は突然現れて、それが新たな形質として次の世代に遺伝する」ことがわかりました。ド・フリースは12年間で5万本以上の株を育てて観察しました。そしてさまざまな形質が現れ、そこに自然選択が加わることで新しい種が生まれると考え、これを「突然変異説」と提唱しました。

ド・フリースの論文は瞬く間に話題となり、推論ではなく実験を通して遺伝や進化について研究する分野が盛んとなりました。とくにアメリカのトーマス・モーガンはこの説を支持し、ショウジョウバエをモデル動物に選んで分子生物学の基礎を築いていきます。じつはド・フリースが観察した形質の変化は遺伝子の突然変異だけではなく、３倍体や４倍体という染色体数の違いによるものも多く含まれていました。そのため突然変異が発生するスピード感については過大評価でしたが、それでも非常に画期的な説であったことには違いありません。

After HiraMeki 後！

ド・フリースの研究結果は世界の遺伝研究に拍車をかけ、まだこの時代あやふやだった遺伝子の存在や、その正体であるDNAの研究へと続いていきます。ド・フリースは品種改良や遺伝子組み換え技術についても示唆していました。著書の中で「突然変異を制御することで、新しい優れた農作物や動物の品種を生み出すことができるだろう」と述べており、現在の遺伝子工学を予見していたのです。

ビジネスでHiraMeki!

世界に影響を与えた結果も、何年もの地道な実験と膨大なデータの積み重ねによるもの。結果を俯瞰できるまでに時間がかかる。あせらずじっくり取り組もう！

突きつめる！　＼今回のテーマ／ 発生学

試行錯誤して新境地を開く！

形成体の発見（1924 年）

ハンス・シュペーマン（1869 ～ 1941 年）

ドイツの発生生物学者。生物の体の一部を別の個体に移植する実験手法を開発し、新しい発生生物学を築いた。第一次世界大戦中や戦後、研究がままならない時期もあったが、実験を重ね、体の中にはほかの細胞のはたらきを誘導する「形成体」があることを発見した。1935 年ノーベル生理学・医学賞を受賞。

Before HiraMeki 前！

胚の運命は、いつ、どこで決まるのか

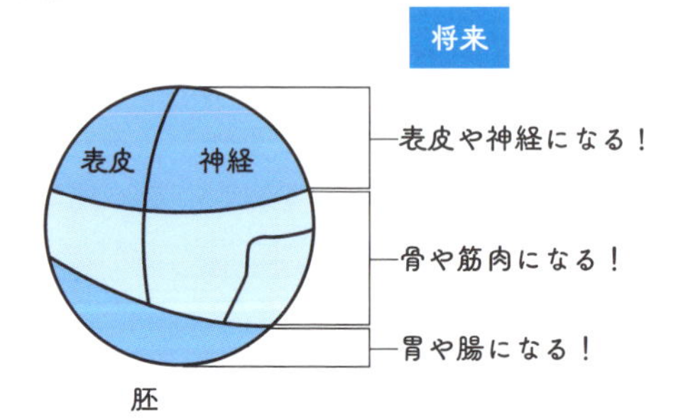

胚は大きく3つの部位に分かれているんだね

20 世紀の初め頃、イモリの卵を使った実験発生学が生まれました。卵が胚に成長していくにつれて、どの部分からどんな組織や臓器ができるのか、手術で明らかにしていく学問です。ヴァルター・フォークトというドイツの生物学者は、卵の部位に色をつけ、それぞれの部位がどう分化していくか調べました。その結果、部位ごとにあらかじめ何に分化するかが決まっていることがわかりました。

いっぽう、シュペーマンは交換移植実験をしました。色の違うイモリの胚の一部をそれぞれ切り取り、お互いの胚に移植する実験です。

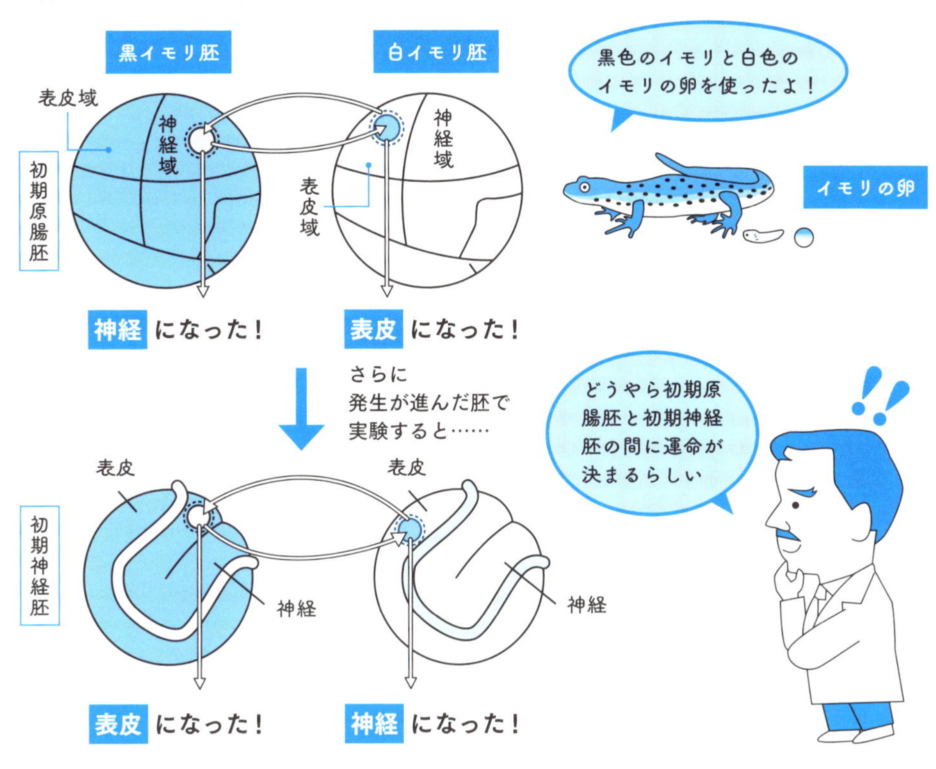

卵から成長した胚は、一部にくぼみができて口や腸の原型をつくります（原腸胚)。さらに発生が進むと、脊髄をつくる胚に分化していきます(神経胚)。シュペーマンは、原腸胚の一部を、色の違う胚の別の部位に移植しました。すると、移植後の細胞は、運命が変わり移植先の部位の細胞に成長しました。いっぽう、少し成長が進んだ神経胚で実験をすると、細胞は移植先の領域の性質にならずに、もとの細胞の運命通り成長することがわかりました。

細胞の運命が決まる時期はわかった。でもどうやって……

それなら！

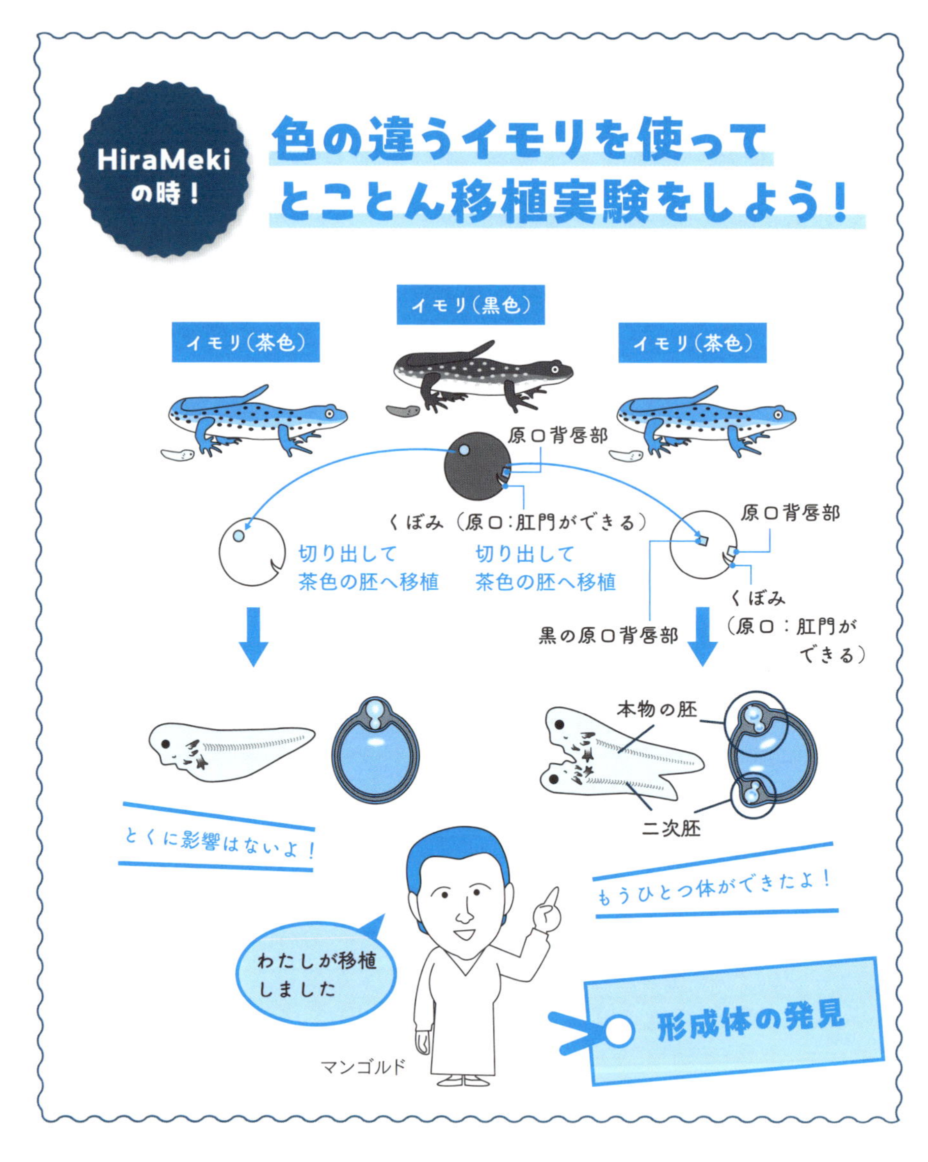

シュペーマンは、学生のヒルデ・マンゴルドとともに、イモリの初期原腸胚を使ってたくさんの移植実験をしました。原口背唇部（げんこうはいしんぶ）という部位を移植したとき、ひとつの胚からふたつの体ができました。新しくできた体は色の違う体をしていたので、原口背唇部由来の細胞が移植先の細胞の運命を変えることができるとわかったのです。シュペーマンは、原口背唇部を「形成体」と名づけました。

シュペーマンがこのように実験を続けるのは、容易ではありませんでした。1914年から1918年の第一次世界大戦中、学生たちは戦争に召集され、戦後はすべての研究活動が停止してしまうほど、社会が混乱していました。フライブルグ大学の学長になってようやく研究の時間がもてるようになり、マンゴルドとの研究が成し遂げられたのです。その功績が認められ、1935年にシュペーマンはノーベル生理学・医学賞を受賞しました。

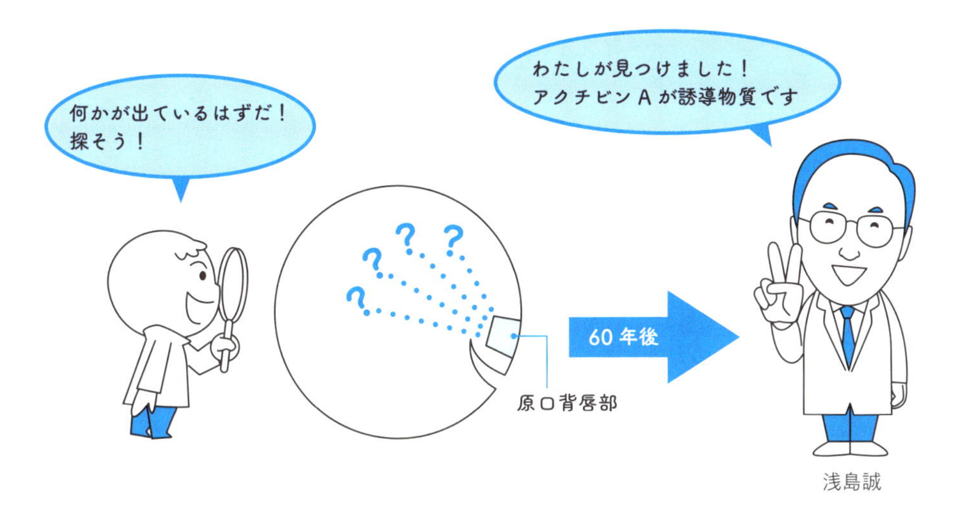

After HiraMeki後！

シュペーマンの研究は、形成体から出ている「誘導物質」探しへと発展しました。さまざまな研究者が60年以上探していましたが、まったく見つけることができませんでした。しかし、浅島誠(P148)がカエルを使って、アクチビンAという誘導物質を発見しました。こうして、生物が形づくられるしくみを理解することができるようになったのです。

ビジネスでHiraMeki!

まだ技術が確立されていない分野では、とにかく実験して結果を得ることが大事かもしれない。失敗を恐れずに試行錯誤を繰り返そう！

突きつめる！　＼今回のテーマ／ 分子生物学

ひたむきに続けて新発見を呼び寄せる

肺炎双球菌の形質転換（1928年）

フレデリック・グリフィス（1879〜1941年）

イギリスの疫学者。英国保健省の病理学研究所で公衆衛生を担う医務官となる。研究環境は質素で、政府の支援は多くなかったが、現在でも医療で活用される病原性細菌の識別法（凝集法）を開発するなど、優れた研究成果を残した。1941年、第二次世界大戦の空襲により命を落とした。控えめな性格でありながら、英国の細菌学者への助言や情報は惜しまず、公衆衛生学の発展に貢献した。

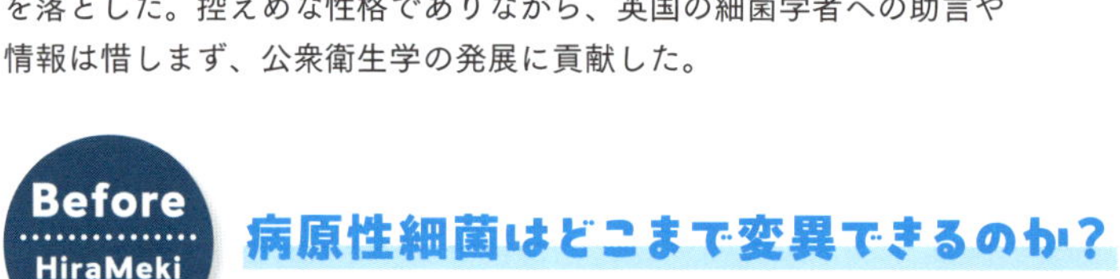

病原性細菌はどこまで変異できるのか？

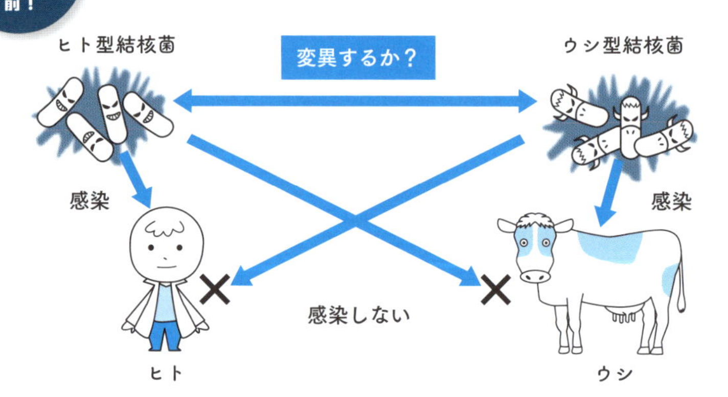

結核菌には牛型やヒト型がありますが、当時は牛型はヒトへ感染する恐れがなく、いわば型は種のように強固なものとされていました。しかし、グリフィスらは英国政府の支援の下、これについて疑問を呈し、1911年に「互いの型は生理的な違いを示すものではない」として、牛型結核菌がヒトへ感染する可能性を指摘します。病原性細菌が自然界でどこまで変異するか否か、議論が始まっていました。

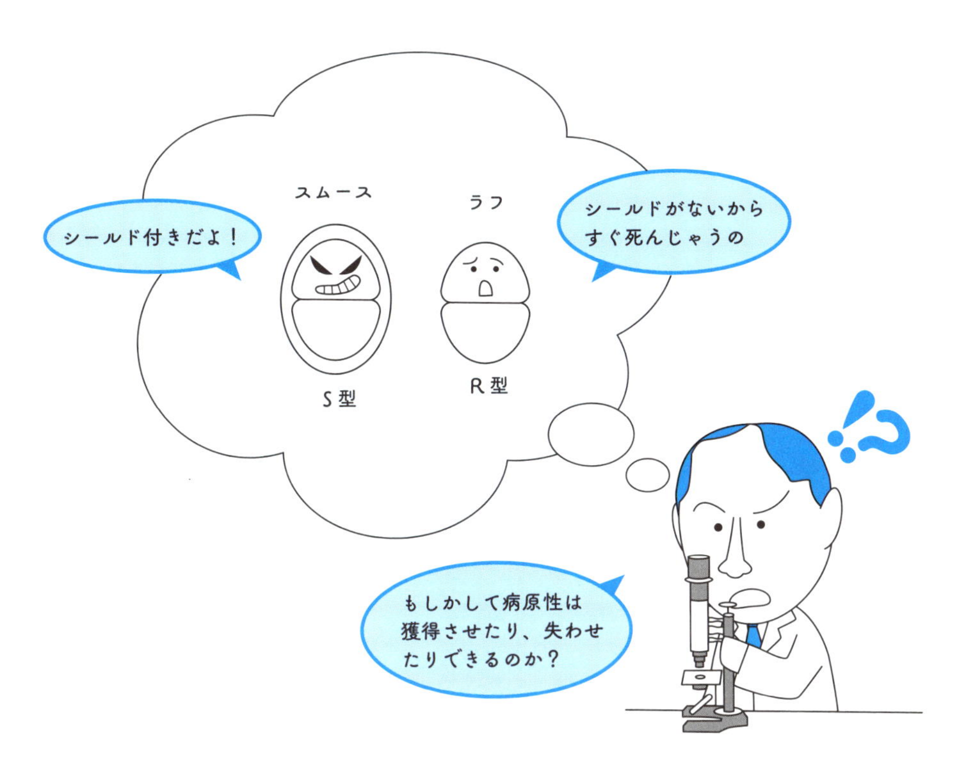

グリフィスは英国の医務官として、国内で蔓延する病原性細菌への対策のために変異の謎を解く必要がありました。当時、肺炎は治療に有効な抗生物質が開発されておらず、非常に深刻な病気として知られていました。グリフィスは肺炎双球菌のいくつかの株から、病原性をもつS型（宿主から攻撃を防ぐ膜をもつ／スムース）と非病原性のR型（膜をもたない／ラフ）の2タイプをつくり出します。この2タイプの細菌を用いて、病原性をもたない細菌が自然環境下で病原性を獲得しうるのか、グリフィスは実験を試みます。

人工的に細菌に変異を起こせるか、確認してみよう……

よし！

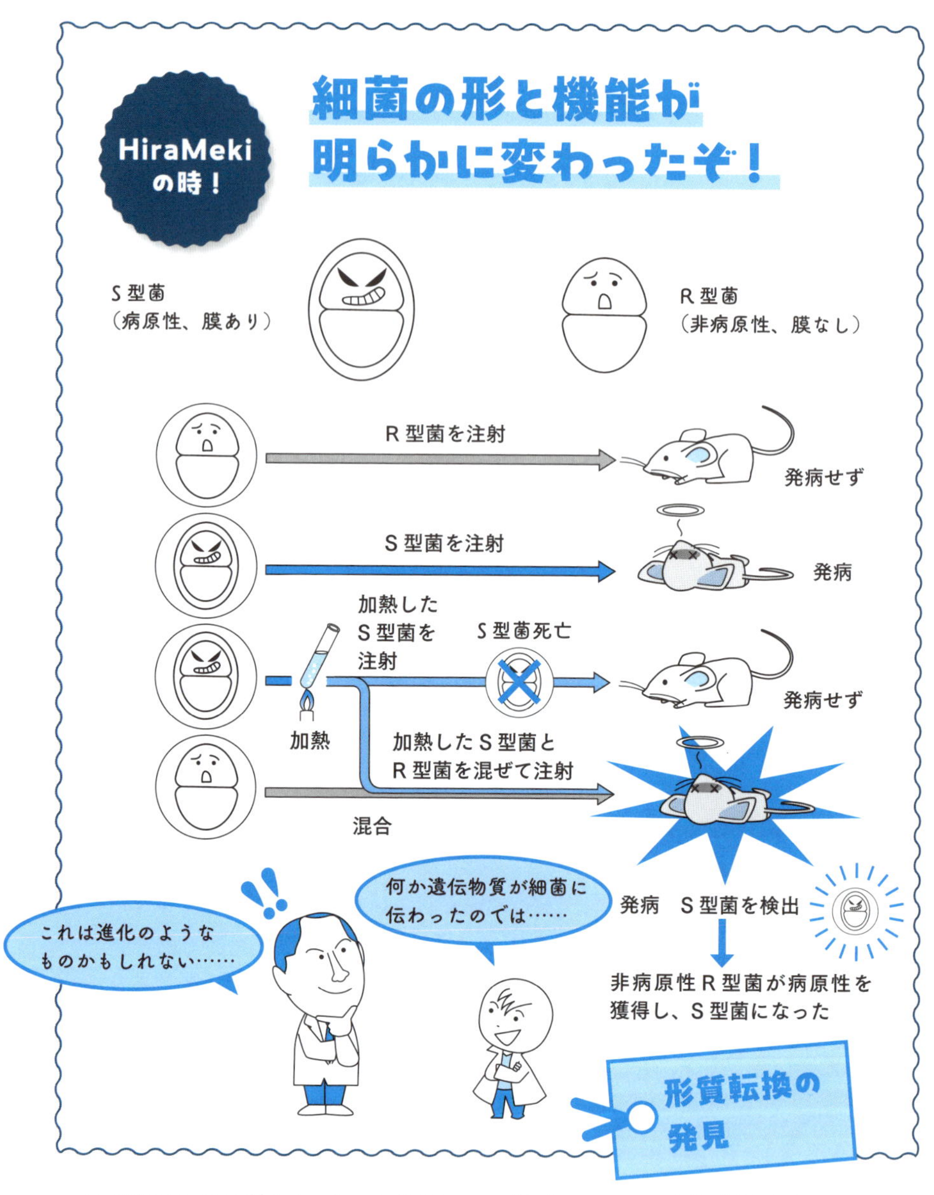

この発見の重要性に気づいたグリフィスは、論文でこの実験方法を克明に記し、ほかの研究者が正確に再現できるようにしました。発表当初は注目されなかったこの実験は、研究者により再現されていくにつれ、次第に評価されるようになりました。また、R型菌が形質転換を起こし病原性を獲得した原因物質（遺伝子）について、一部の研究者らは、その正体解明にも興味をもち始めました。

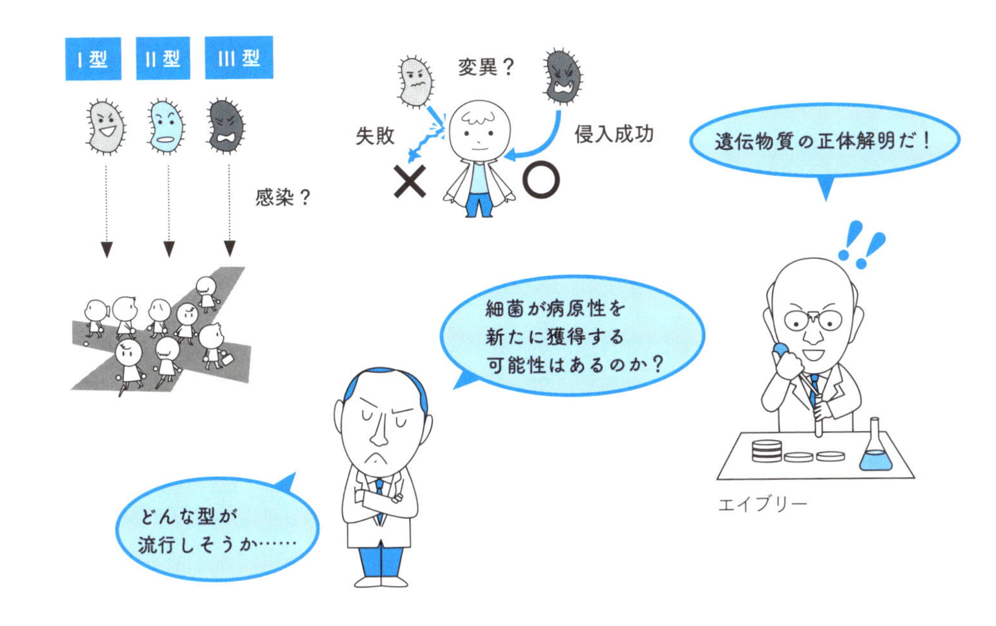

After HiraMeki後！

ところが、グリフィス本人の一番の関心は、遺伝物質の正体というより、より疫学的なものでした。公衆衛生を担う立場から、感染症が出現し消失するしくみの研究や、病原細菌の変異型を体系化する仕事をまっとうし続けます。いっぽう、彼の実験に衝撃を受けたロックフェラー医学研究所のオズワルド・セオドア・エイブリー（P82）らは、肺炎双球菌において形質転換を起こした原因物質がDNAであることを証明しました。当時、多くの研究者がタンパク質こそが遺伝子であると信じていたなか、グリフィスの実験は、通説を覆す大発見につながりました。

ビジネスでHiraMeki!

国家の公衆衛生を担う科学者として堅実に仕事を続け、世紀の発見を手にしたグリフィス。職務に真摯に向き合い続ければ、いつか大きな発見を手にするチャンスがやってくるぞ！

突きつめる！　＼今回のテーマ／ 医学

偽りの正義感の末路

非人道的人体実験（1942年）

ジクムント・ラッシャー（1909～1945年）

ドイツの軍人・医師。医者の家に生まれ、自身も大学で医学を学ぶ。学生時代からナチスの前身・ドイツ労働者党に入党。医師資格取得後は、ヒトラーがとくに力を入れていたがん研究に携わったのち、空軍軍医となる。ダッハウ強制収容所にて空軍パイロットの生存率向上のために人体実験を行った。党内の有力者との強いつながりがあり、順調にキャリアを積んでいたが、汚職・詐欺・誘拐などの罪が発覚し、終戦を待たずに処刑された。

Before HiraMeki 前！

人間に優劣をつけていた時代

そこまで
いってない……

ダーウィン

進化論に基づいて
優れた国民を増やすぞ！

当時に流行した
優生学だね

人間に優劣を
つけるなんて……

チャールズ・ダーウィン（P28）の進化論が1859年に発表されて以降、画一的に優れた人間を増やそうという、現代の常識では受け入れられない「優生学」が世界的に流行しました。優生学には大きく分けて2種類があり、優れた人間の子孫を増やす考えと、劣った人間を減らす考えがありました。

1940年代、第一次世界大戦の賠償金で苦しんでいたドイツは景気が悪く、国民の不満が高まっていました。これと優生学が合わさり、政府は犯罪者・外国人・障がい者などを強制収容所に連行するパフォーマンスを行いました。社会全体がこれを歓迎するムードでした。

ドイツの空軍軍医であったラッシャーは、空軍パイロットの生存率を上げたいと考えていました。人員や医療機器を有効活用し全体の生存率を上げるため、今でいうトリアージの考え方から、どれだけのダメージがあれば生存が絶望的なのかを調べることも重要でした。ラッシャーは、ドイツ労働者（ナチ）党内で高い地位にあったヒムラーから捕虜や強制収容所の人々を人体実験に使う許可を得て、実用的データの収集に努めます。

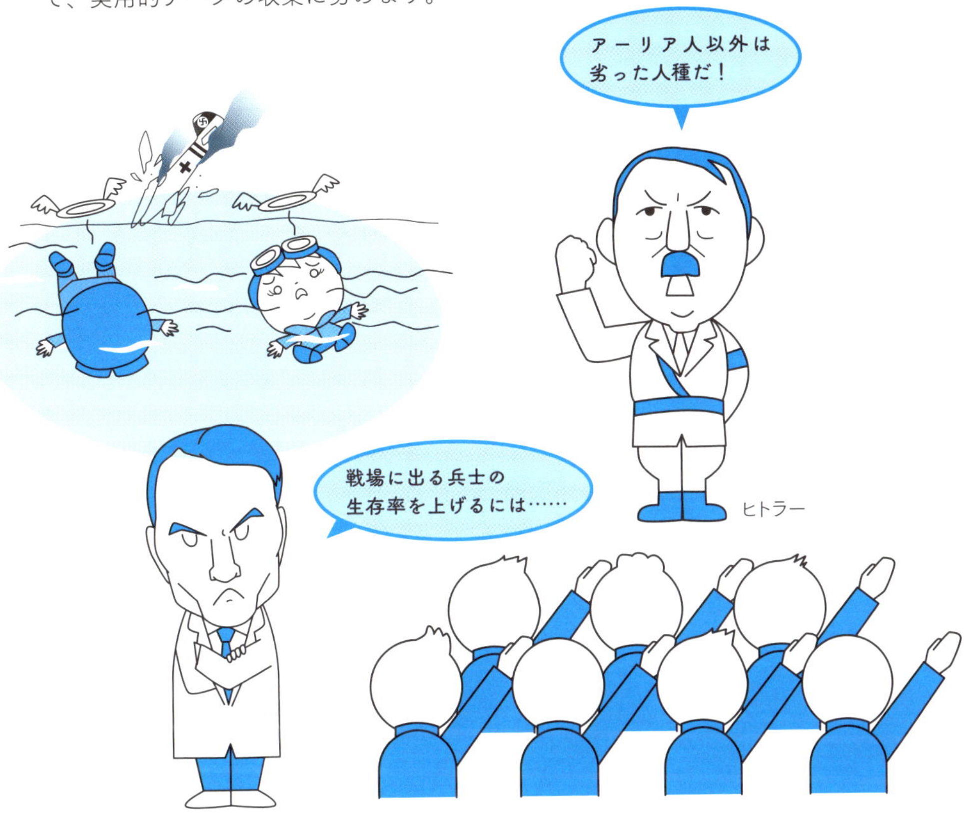

パイロットの生存率を上げたい。
実証実験が必要だ……

それなら！

ラッシャーは捕虜や強制収容所の人々を使って、低温や高高度（低圧）への人体の反応を調査しました。蘇生法の確立とともに、生存が絶望的となるポイントの見極めが重視されていたため、実験台になった人々の多くが亡くなりました。

ラッシャーは人体実験を進めた罪に問われる前に、汚職や未成年者誘拐の罪を重ねたあげく、処刑されます。いっぽう、人体実験を行っていた多くのドイツ人医師たちは、戦後に西側諸国の裁判にかけられました。しかしその裁判の過程で、アメリカなども捕虜を使った人体実験を行っていたことが発覚します。世界的に人体実験を禁じるルールが存在しないことも判明したため、急遽、人体実験に関するガイドラインが整備されることとなりました。

After HiraMeki後！

ラッシャーは人道的な問題を除けば、科学的に有効なデータを収集していました。そのため、ラッシャーの収集したデータは、戦後さまざまな場面で人命救助や安全対策に活用されました。現在、薬や治療法の開発の最終段階で、治験という臨床実験が行われています。これは一種の人体実験といえますが、本人の意思の確認が非常に重視されています。ラッシャーをはじめとするナチスの非人道的行為を踏まえて法整備が進んだ結果といえます。

ビジネスで HiraMeki!

現在とは異なる倫理観のもと、人命救助のための多くのデータを残したラッシャー。目先の利益に囚われ、自分の身の振り方を誤れば、取り返しのつかないことになる。

HiraMeki! No. 43

突きつめる！ \ 今回のテーマ / 分子生物学

一度決めたら生涯一途

ATP合成のしくみとDNA人工合成の解明（1950年代）

アーサー・コーンバーグ（1918～2007年）

アメリカの生化学者。1918年3月3日、ニューヨークのブルックリンに生まれた。両親は東ヨーロッパからの移民で貧しい暮らしだったが、子どもたちを学校に通わせた。優秀なコーンバーグは通常より3年早く高校を卒業。19歳でニューヨーク市立大学から学士号を授与。1957年DNAを人工合成。この業績により1959年RNAを合成したセベロ・オチョアとノーベル生理医学賞を受賞。

Before HiraMeki 前！

時代はビタミン発見の全盛期

江戸時代、日本の人々は脚気（かっけ）に苦しめられていました。脚気は手足がしびれ、疲労感もあり、悪化すると死に至ります。江戸時代の江戸では精米された白米を食べるようになり、米ぬかを摂取しなくなったためです。1910年に鈴木梅太郎は、米ぬかからオニザリン（のちのビタミンB1）という成分の抽出に成功しました。そしてオニザリンの普及により、脚気にともなう心臓障害が大幅に減少しました。

1940 年代初頭、研究の中心は栄養学で、世界中の研究者が新種のビタミン発見を目指していました。医学部在学中のコーンバーグは、黄疸の研究を発表した論文が国立衛生研究所の所長の目にとまり、すぐに栄養学研究室の所属となります。

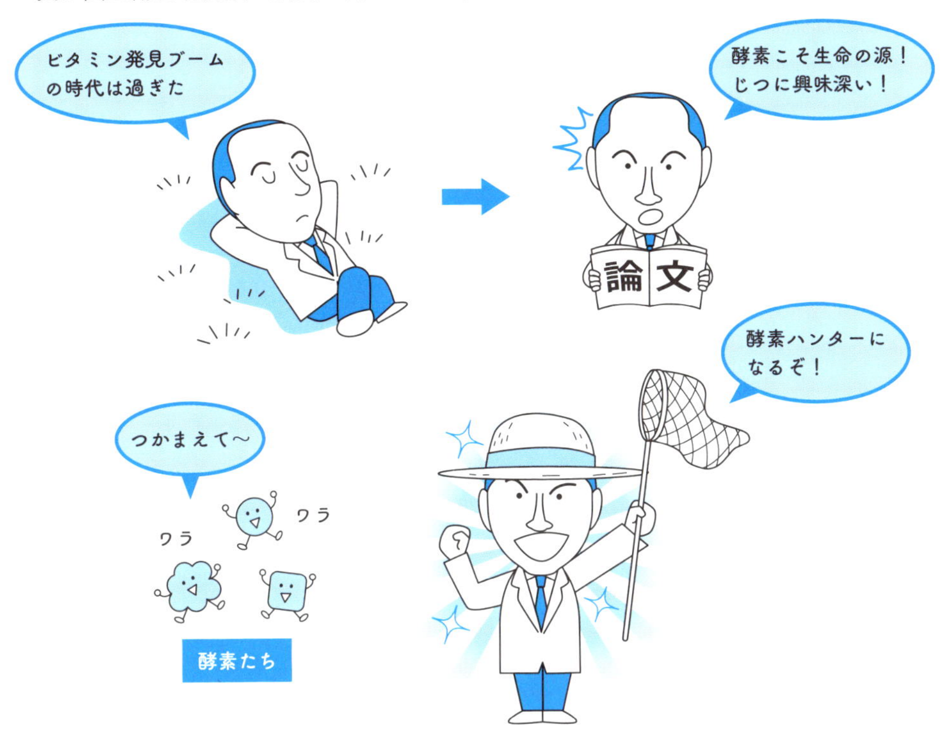

しかし、栄養学におけるビタミン探しの興奮の時代は過ぎ、科学者の関心はやがて遺伝子研究へと移りました。そんなとき、ドイツの生化学者たちが書いた、酵素、補酵素（ビタミン）、ATP に関する論文を読んだコーンバーグは衝撃を受けます。そして酵素こそが、生命力の源、ビタミンのはたらく場所だと気づき、「酵素ハンター」になると決心しました。

魅力的な酵素！
酵素に恋してしまった……

それなら！

まずコーンバーグが取り組んだのは、アデノシン三リン酸（ATP）が合成されるしくみを解き明かすことです。ATPは食事から摂取した糖や脂肪を細胞内で変換してできるエネルギー源で、すべての生物が幅広く利用しており、生命としての活動に不可欠なものです。コーンバーグはATP合成に深くかかわるニコチン酸アミドジヌクレオチド（NAD）とフラビンアデニンジヌクレオチド（FAD）を合成する酵素を発見しました。

コーンバーグはその後、DNAの部品であるヌクレオチドがどのように合成されるのかに興味をもちます。そして、ついにはDNAの複製で中心的なはたらきをする酵素「DNAポリメラーゼ」の発見に成功します。DNAポリメラーゼは、遺伝情報を次の世代へと受け継いでいくために必要な酵素です。酵素に注目して研究をしていたら、当時の分子生物学の謎とされていたDNAの複製のしくみの一端を解き明かすことにつながりました。

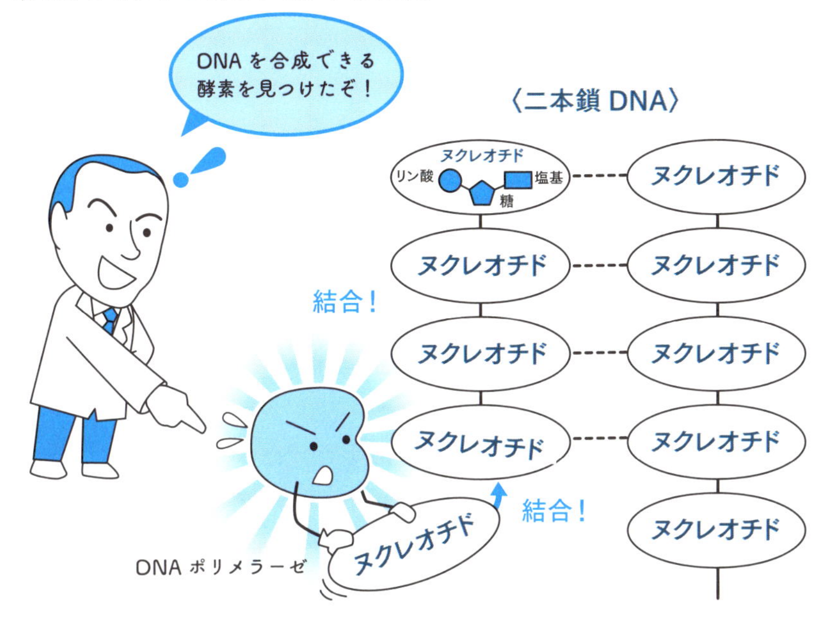

After HiraMeki後！

コーンバーグが発見した酵素は、現在ではがんや自己免疫疾患の治療薬を開発する際に重要なものとなりました。また、その後に行ったポリリン酸の研究も、今では感染症治療薬の開発にかかわるものとなっています。これらの研究は、病気の治療に役立たせようと始めたものではありません。彼の酵素への情熱と地道な研究の積み重ねが、科学の発展につながったといえるのです。

ビジネスでHiraMeki!

何事も基礎は大切。医学に限らず、基礎を地道に学び続けた先には、社会に大きな影響を与える未来が待っているかも！

突きつめる！　＼今回のテーマ／ 有機化学

諦めず信念を貫く

GFPの発見（1961年）

下村脩（1928～2018年）

京都生まれの生物発光化学者。戦時中、長崎県に疎開し、原爆が投下された。原爆症は免れたが、多くの人の死を目の当たりにした。勉強をするために長崎医科大学附属薬学専門部に進学。その後、名古屋大学でウミホタルの発光物質を抽出し、アメリカのプリンストン大学に留学。1961年にGFPを発見し、2008年にノーベル化学賞を受賞。数多くの発光生物の発光物質を見つけた。

Before HiraMeki前！

生物が光るとき、みんな同じ反応をしている!?

すべての発光はこういうしくみで起こると思われていたよ！

ルシフェリン ＋ ルシフェラーゼ

発光物質　　酵素

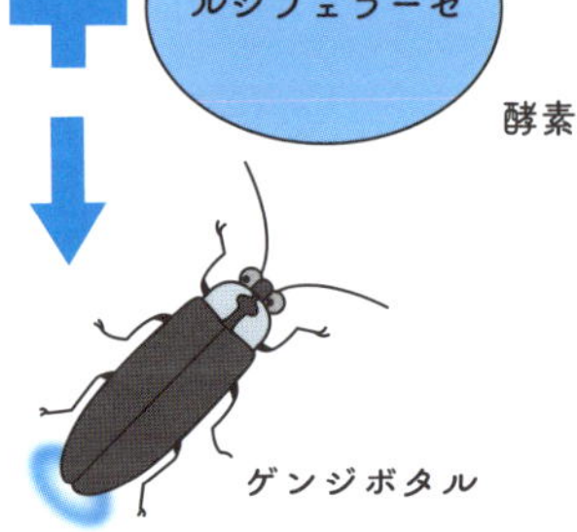

1955年、下村が名古屋大学に研究生として所属した頃、生物の発光はすべて、ホタルの発光と同様のしくみで起こると考えられていました。ホタルの発光は、ルシフェリンとルシフェラーゼという発光物質と酵素の反応によるものです。下村が初めてもらった研究テーマは、海にすむウミホタルのルシフェリンの精製と結晶化。発光物質の研究者が20年かかっても成し遂げられなかったテーマでしたが、下村はこれまで誰も考えつかなかった抽出法をあみ出し、結晶化に成功しました。

1959 年、アメリカの発光物質研究者であったフランク・ジョンソン博士は下村を研究室に誘い、下村は 1960 年からプリンストン大学で研究を始めました。緑色に美しく光るオワンクラゲの発光物質の研究をするようにいわれ、アメリカの東海岸から西海岸まで車で移動しました。その海岸で、オワンクラゲのルシフェリンとルシフェラーゼの抽出をしようとしましたが、うまくいきませんでした。

下村は、ルシフェリンとルシフェラーゼにこだわらず、光る物質なら何でもいいから抽出しようといいましたが、ジョンソン博士とは意見が合わず、実験台も分けて研究するようになってしまいました。下村は、ときにはボートで海にひとりこぎ出て、誰とも話さず考え続けました。

今までの方法は通用しない。
オワンクラゲは、そもそもどうやって発光しているんだろう……

それなら!

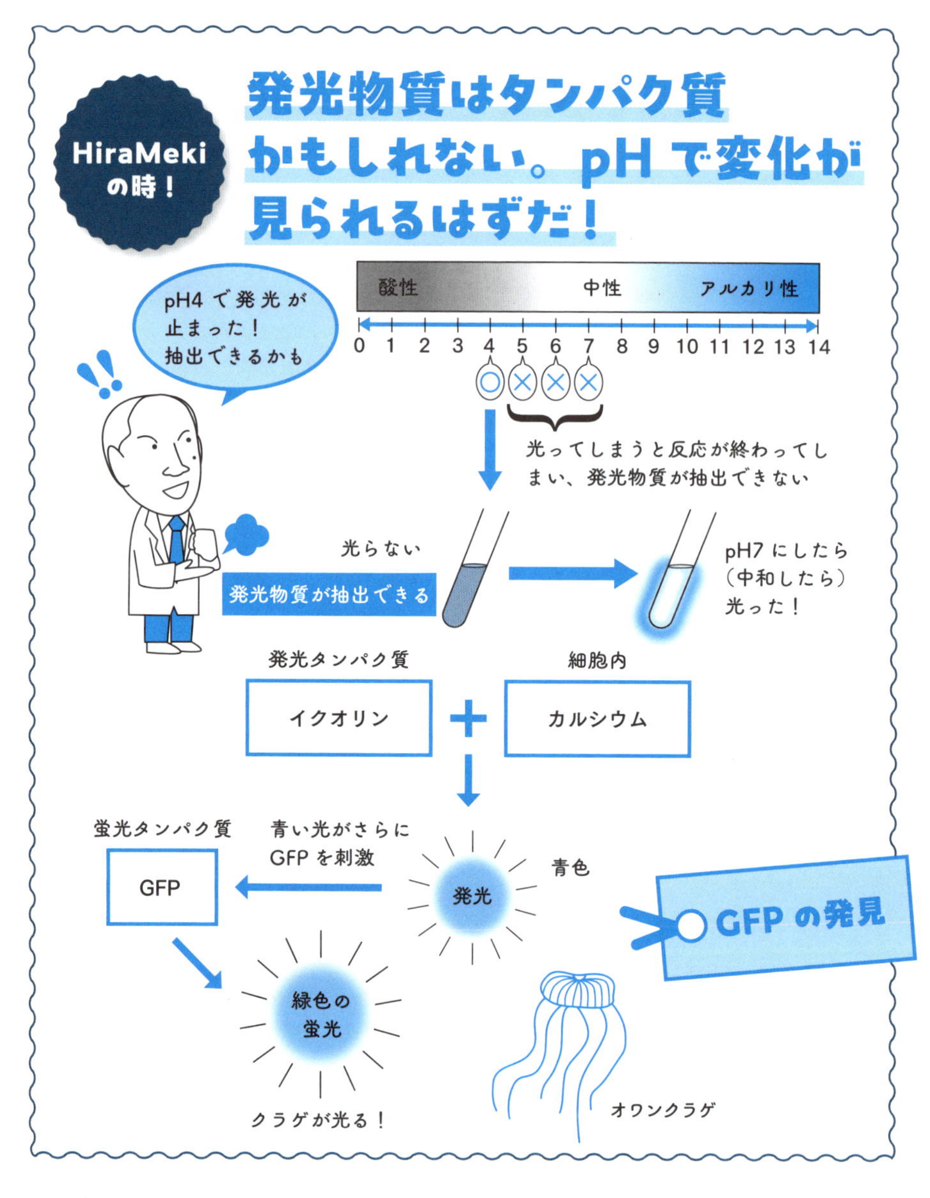

下村は、クラゲの発光物質がタンパク質だろうと仮説を立てました。もしタンパク質だったら、中性の溶液と酸性の溶液に入れたとき、まったく違う反応が起きるはずだと思ったのです。そこで、中性（pH7）から酸性（pH4）まで、酸性を強くしてみることにしました。すると、pH4の溶液では光らず、発光反応が起きていないので、発光物質を抽出できる状態だとわかったのです。

この実験で出た液体を流しに捨てると、青く光りました。海水のカルシウムイオンと反応して光ったのです。カルシウムイオンは、体内の筋収縮など生物の重要なはたらきにかかわることがわかっていました。その後、約1万匹のオワンクラゲから、わずか5mgの発光物質「イクオリン」と、ごく微量の緑色蛍光タンパク質「GFP」を抽出しました。下村は12年間、ときには1日に6000匹のクラゲの発光部位を回収し、抽出を行いました。そして、1979年にイクオリンとGFPの光るしくみを明らかにしたのです。GFPの発表後、世界中の研究者たちが応用研究を行い、その功績が認められました。

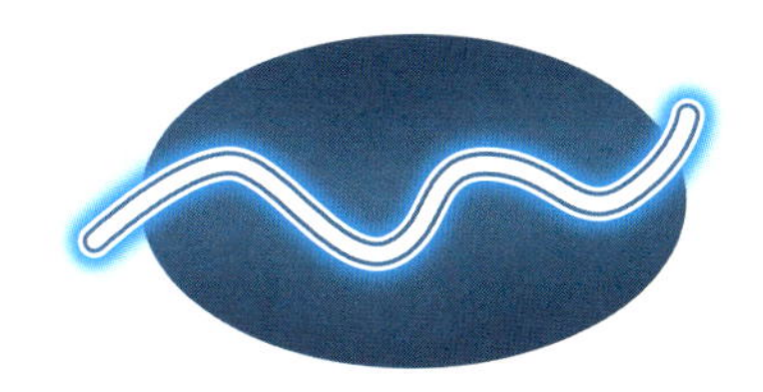

GFPで全身が光る線虫が誕生（1994年）

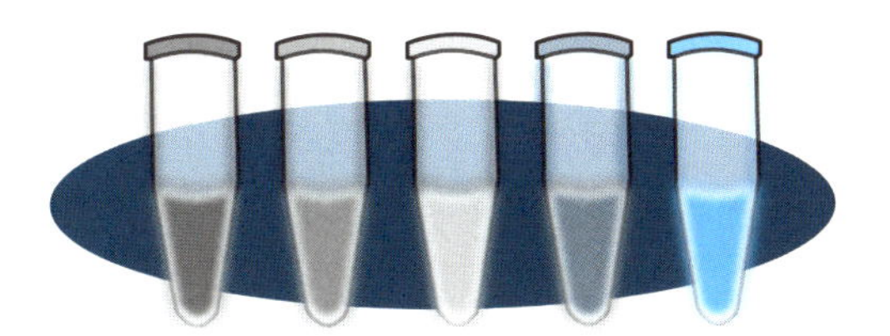

赤、オレンジ、黄、緑、青……などGFPの改良で、ほかの色にも光らせるようになった

いろいろなことができるようになったよ！

After HiraMeki 後！

GFPは、遺伝子組み換えの場面で、組み換えた遺伝子が目的の場所でうまくはたらいているのかを調べるために使われています。また、GFPから違う色の蛍光タンパク質も開発され、ひとつの細胞の中で何種類も光らせることで、より詳しく細胞の性質を調べることができます。今や医療や生物学の実験で欠かせない存在です。

ビジネスでHiraMeki!

オワンクラゲを地道にコツコツ採取し続けることで、GFPのしくみを明らかにした下村。何事も諦めずに信念をもってやり続けよう！

突きつめる！　＼今回のテーマ／ 発生学

反論されても諦めない

核移植でクローン作製（1962年）

ジョン・ガードン（1933年～）

イギリスの発生生物学者。由緒正しい家柄に生まれ、理解ある両親に育てられた。昆虫が好きで高校時代にガの幼虫を学校で飼い、先生から不評を買った。大学院時代に発生生物学の師に教えられて、カエルの核移植実験を成功させた。ガードンは、その後も核移植実験を行いさまざまな成果を出した。その功績が認められ、山中伸弥とともにノーベル生理学・医学賞を受賞（2012年）。

Before HiraMeki 前！

体細胞がもつ百科事典は虫くいだらけ？

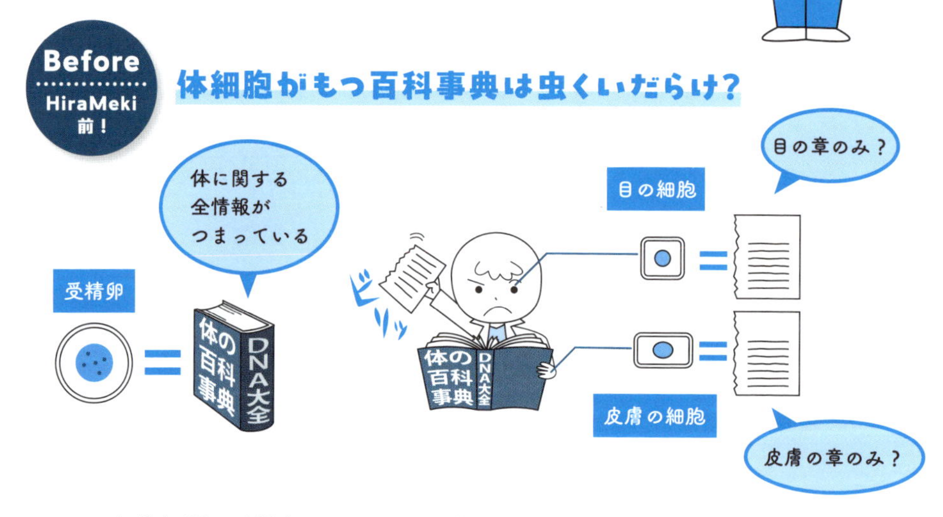

1960年代初頭、受精卵にはあらゆる体を形成するための遺伝子が含まれていることは明らかになっていましたが、発生が進み皮膚や目などに分化を終えた細胞（体細胞）にはどのような遺伝情報が含まれているのかは不明でした。当時、皮膚や目には、その細胞にとって必要な遺伝情報のみが含まれていて、それ以外の遺伝子は捨てられてしまうのではないかとも考えられていました。

1956 年にオックスフォード大学のマイケル・フィッシュバーグ博士のもとで大学院生として研究を始めたガードンは、カエルの核移植実験を始めました。まず、白いオタマジャクシの小腸の細胞から核を取り出しました。次に、褐色のカエルから卵子を取り出し、紫外線で核を壊しました。核を壊した卵に、小腸の細胞の核を入れて発生させると、完全な白いカエルに成長することがわかりました。

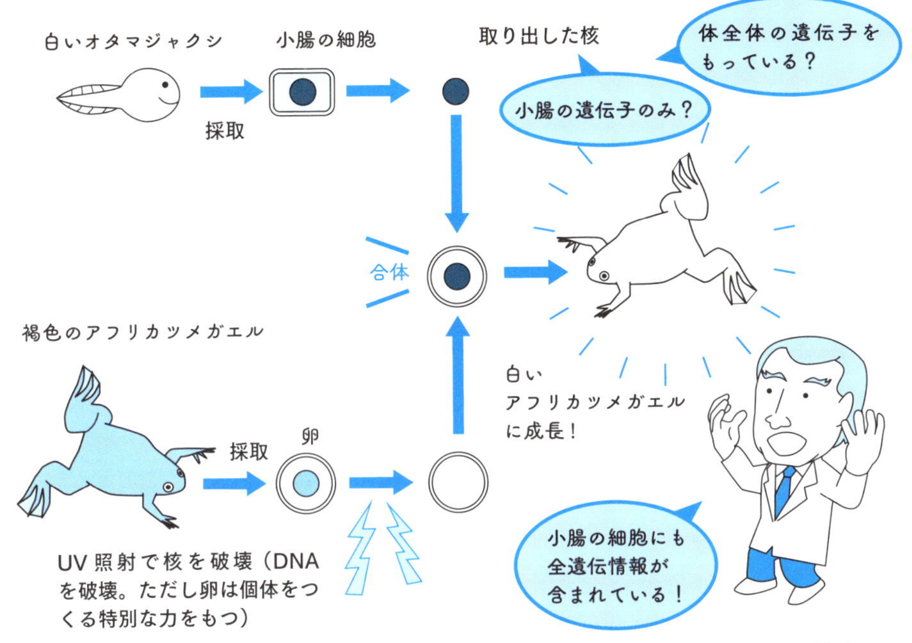

この実験結果から、ガードンは一度小腸だと役割の決まった細胞でも、体中の遺伝子をもっていることがわかったと結論づけ、1962 年に論文を提出しました。しかし、ロバート・ブリッグスとトーマス・キングというアメリカの科学者が 1955 年に発表した、ヒョウガエルを使った同様の実験では奇形の胚が生まれたという論文との違いや、オタマジャクシの細胞にはまだ役割の決まっていない未分化の細胞が含まれていたのではいう疑惑から懐疑的な目で見られました。

実験は成功した。
でも実験結果が世間に
受け入れられなかった……

それなら！

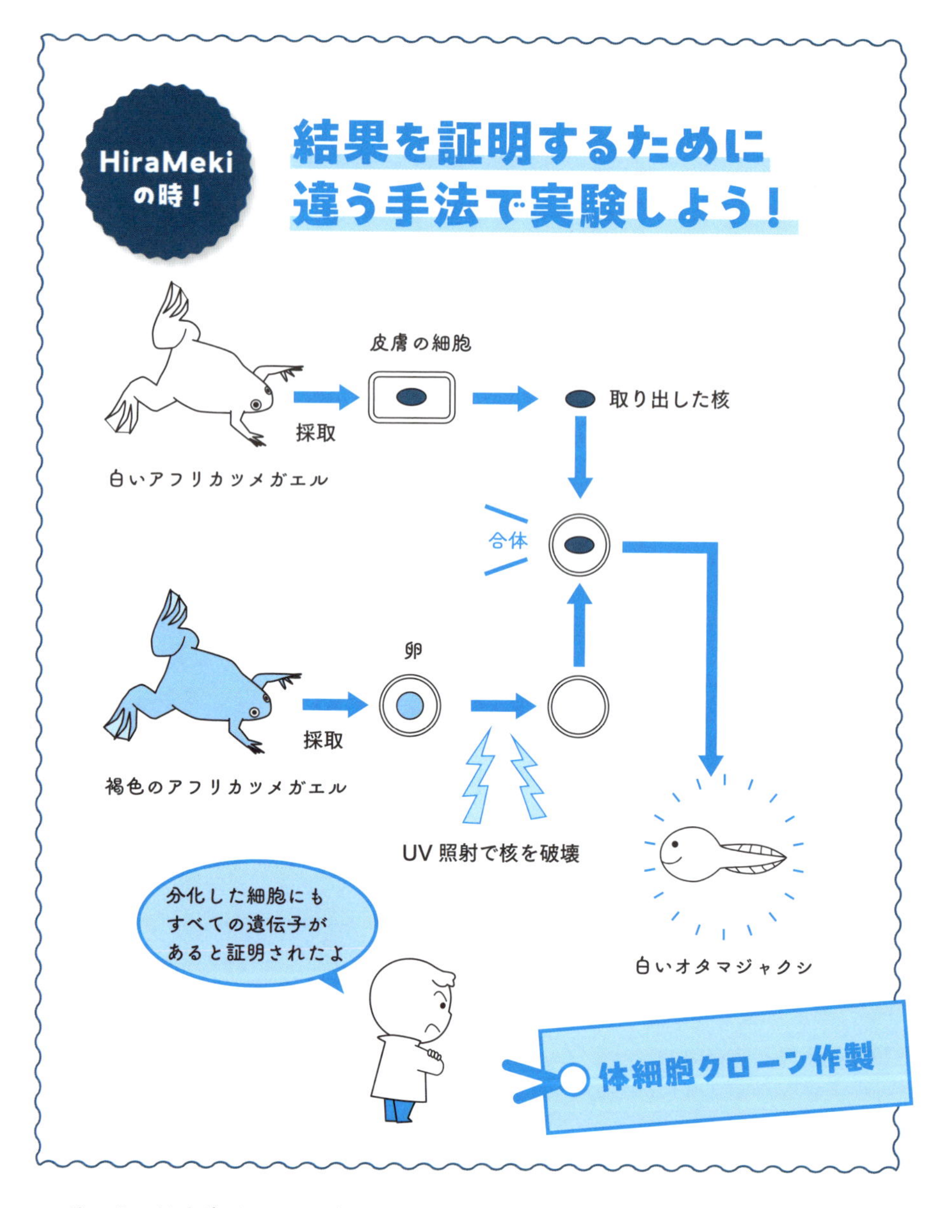

ガードンは今度はオタマジャクシではなく、大人のカエルから皮膚の細胞を取り出して同様の実験をしました。すると、きちんと発生が進み、白いオタマジャクシが生まれることがわかりました。このオタマジャクシはカエルにはなれなかったのですが、これで、ガードンが示したかった「分化した体細胞でも体中の遺伝子をもっている」ことが証明されました。

ガードンはその後、各地の研究拠点を転々としながらも、イギリスで核移植の実験を続けました。次第に、ガードンの核移植実験はほかの科学者に追試され、正しい実験結果であると認められていきました。体細胞の核を、核を取り除いた未受精卵に入れて、その卵を発生させて生まれた個体は体細胞クローンと呼ばれています。この後の時代に出てくるクローンという考え方は、ガードンが生み出したものでした。ガードンはこれらの功績が認められ、1995年にナイトの称号を授与され、2012年にノーベル生理学・医学賞を受賞しました。

クローン羊のドリー

After HiraMeki 後！

ガードンにより初めて体細胞クローンが誕生したことは、ほかの研究者らに大いに刺激を与えました。そして、イアン・ウィルムット（P152）らは哺乳類でも体細胞クローンに成功し、社会に大きな衝撃を与えました。また、ガードンの成果はES細胞やiPS細胞の研究でも生かされ、再生医療研究の礎になったともいえます。

ビジネスで HiraMeki!

反論があっても諦めずに証明できる材料を集めよう！　正しい結果ならきっといつかは誰かに認められるはず！

突きつめる！　＼今回のテーマ／ 動物行動学

愛する動物をつぶさに観察し記録する

動物行動学の確立（1973 年）

コンラート・ローレンツ（1903 ～ 1989 年）

オーストリアの動物行動学者。整形外科医の息子として生まれ、幼少期より動物園のように多くの生物と暮らした。医学の道に進んでほしいという父親の希望により医学の道に進み、医学博士と博士号を取得。比較解剖学を学びながら身近な動物を観察し、研究していた。ハイイロガンの刷り込みの研究や、ほかの研究者と動物行動学を確立し、1973 年にノーベル生理学・医学賞を共同受賞。

Before
HiraMeki
前！

動物の行動は実験でわかる

レバーを押すとエサが出てくることを学んだよ！

オペラント条件づけ

条件づけの学習だけではなく、動物の行動観察が重要だ！

動物の行動実験といえば、パブロフの犬や、バラス・スキナーが行ったマウスを使った実験が有名でした。マウスをカゴの中で飼い、レバーを押すとエサが出てくることを学習させることができるというものです。このように自発的な行動を罰や報酬によって強化する学習を、「オペラント条件づけ」といいます。ローレンツは、これらの行動実験では、自然な動物の姿は見られないのではと考えていました。

ローレンツは、大好きな動物たちに囲まれながら育ち、彼らの自然な行動を観察し、本能的な行動を深く理解するということを幼少期から行っていました。とくに、医学部卒業後の研究者時代には、鳥類に関する詳細な観察日記を論文として投稿し、医学博士以外に動物の分野で博士号をとるほどでした。

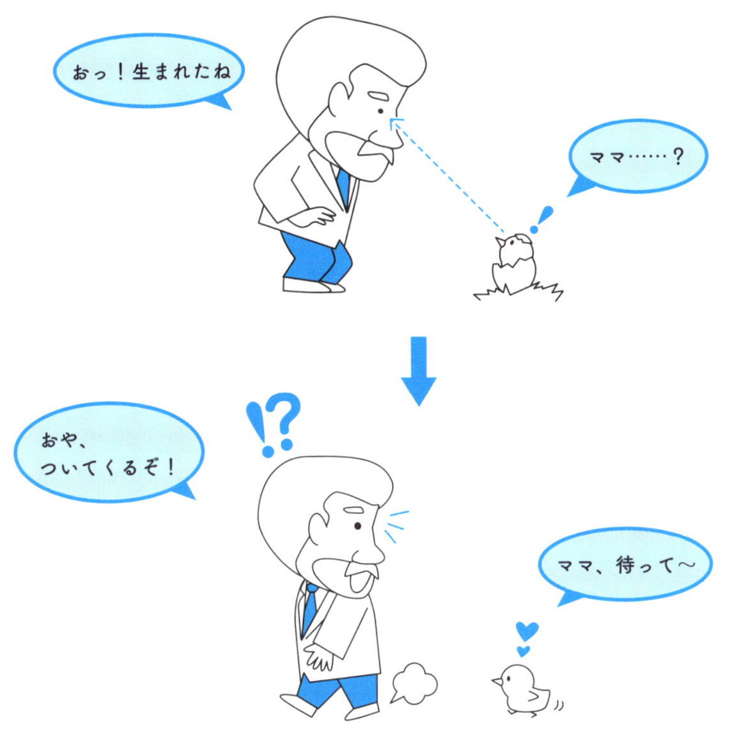

あるとき、人工的にふ化させたハイイロガンのヒナが、ローレンツを覚えて追いかけてきました。違う種類の鳥に育てられても、ヒナはその鳥を追いかけることは知られていましたが、人間相手でも同様の現象が起こることがわかり、ローレンツは驚きました。ローレンツはヒナの世話をし、ヒナはローレンツについてきました。

わたしが親だと認識されたらしい。一瞬で焼きついてしまったようだ……

それなら！

ローレンツは、生まれたばかりのヒナが、最初に見た動く対象を覚えて追従する行動を「刷り込み」と名づけました。詳しく調べるために、ハイイロガンの卵をふたつのグループに分けてふ化させることにしました。ひとつは本物の親といっしょに過ごしたグループ。もうひとつは孵卵器（ふらんき）で育てたグループ。こちらは途中で、ローレンツの真似た鳴き声を聞き、ふ化後すぐにローレンツの姿を見せました。実験の結果、どちらも「刷り込み」され、それぞれ覚えた「親」についていくことがわかりました。この現象は、視覚や聴覚によって相手を覚えることで起こることが同時に示されました。

より詳しく調べていくと、刷り込み現象には、「臨界期」があることがわかりました。ふ化後1～2日経過してしまうと刷り込みが起こらなくなってしまうのです。ローレンツの研究は広く知られるようになり、1973年にノーベル生理学・医学賞を受賞しました。それまでは医学に関係する分野にしか贈られなかったノーベル賞が、動物行動学に贈られたことで、大きな話題になりました。

動物行動学
「臨界期」は、ほかの動物にも存在するよ！
生まれたばかりのネズミの片目を覆って育てると、反対側の視覚がより発達する。これも臨界期がある
生来の動物の行動を観察する動物行動学を切り開いた！

After HiraMeki 後！

その後の研究で、親の代わりとして見せるものは生物である必要はなく、人形やディスプレイ上の記号でも起きること、脳の中で不可逆的な神経回路の構築が起きることなどがわかってきました。また、臨界期は生後まもない時期に経験することで神経回路が変わっていく大事な時期だということも、その後の研究でわかっています。刷り込みや臨界期は、今も最前線の脳科学の分野として研究されています。

ビジネスで HiraMeki!

興味のある対象を観察し、記録する習慣をつけよう！　本来の姿が見られるかもしれない！

突きつめる！　＼今回のテーマ／ 医学

信念と行動力で発明を生み出す

イベルメクチン開発（1979年）

大村智（1935年～）

日本の化学者。山梨県韮崎市に生まれる。高等学校の夜間部で教師として働くなか、生徒たちが仕事のかたわら勉学に励む姿に影響を受け、研究の道へ転向。1974年に静岡県の土壌から新たな放線菌を発見、分離・培養し、アメリカのメルク社とともに、エバーメクチンとその化合物イベルメクチンを開発。2015年寄生虫感染症治療法の開発の研究が評価され、ノーベル生理学・医学賞を受賞する。

Before HiraMeki 前！

犬のフィラリアがなくなって寿命が2倍に！

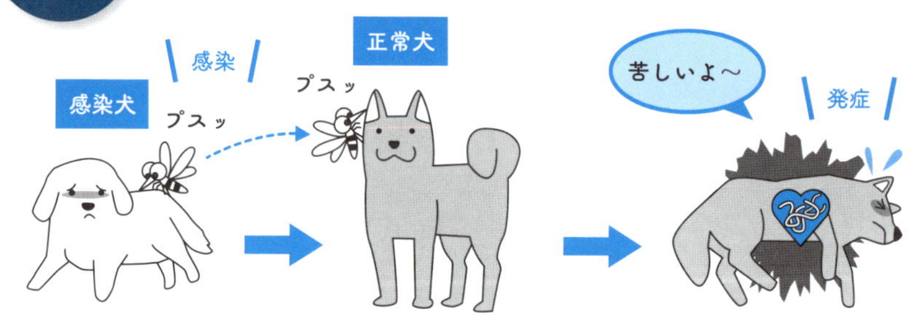

日本ではかつて半数近くの犬がフィラリア症に感染し、場合によっては命を落とすこともありました。犬のフィラリアは蚊を媒介して、皮下や筋肉の中で少しずつ成長し、感染してから約半年後には細長く白い成虫となり、さまざまな症状が現れます。軽い咳や散歩を嫌がるなどから始まり、呼吸困難や臓器不全、失神や血尿など次第に悪化していきます。寄生虫は体内で何年も生きるため、病状が徐々に進行していく恐ろしい感染症でした。

アメリカから帰国した大村は北里研究所の研究者として、寄生虫による感染症に効果がある薬の開発を目指しました。日常的にビニール袋を持参し、土壌を集め、土壌中の微生物について調べたのです。そして1974年、静岡県伊東市のゴルフ場近くの土壌から、これまで知られていなかった放線菌を発見しました。

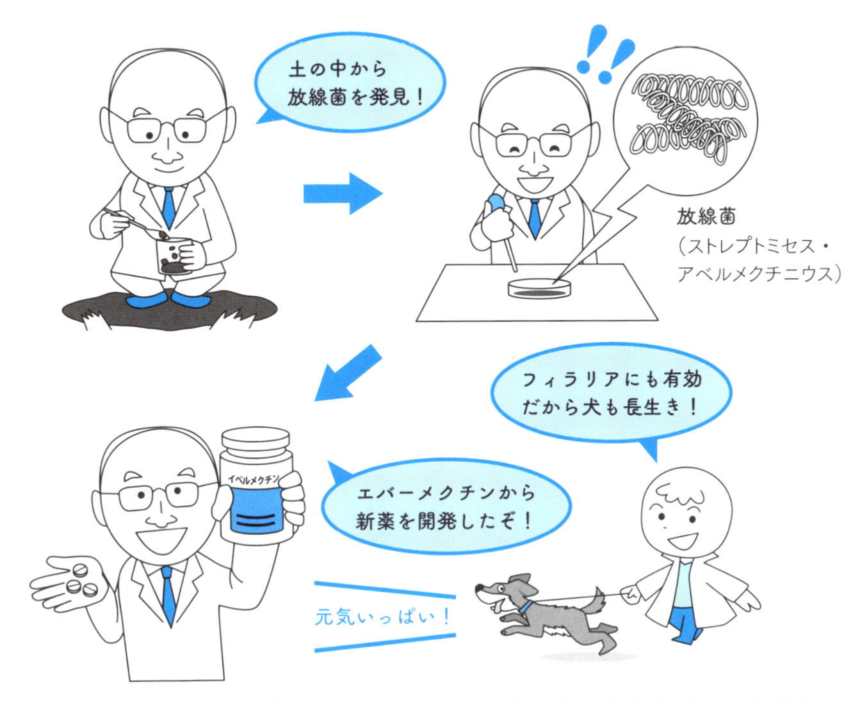

この放線菌が分泌する化学物質には、マウスに寄生した寄生虫を減らす効果があり、大村はこれを「エバーメクチン」と名づけました。さらに、より効果のある「イベルメクチン」を開発します。イベルメクチンは寄生虫が5万匹いる牛に1回飲ませるだけで、ほぼ寄生虫をなくす効果がある画期的なものでした。この薬は犬のフィラリアにも効果を発揮しました。イベルメクチンのおかげで、犬の寿命も2倍に延びたといわれています。

「イベルメクチン」は、寄生虫に感染した牛にも犬にも、ものすごい効果がある……

それなら！

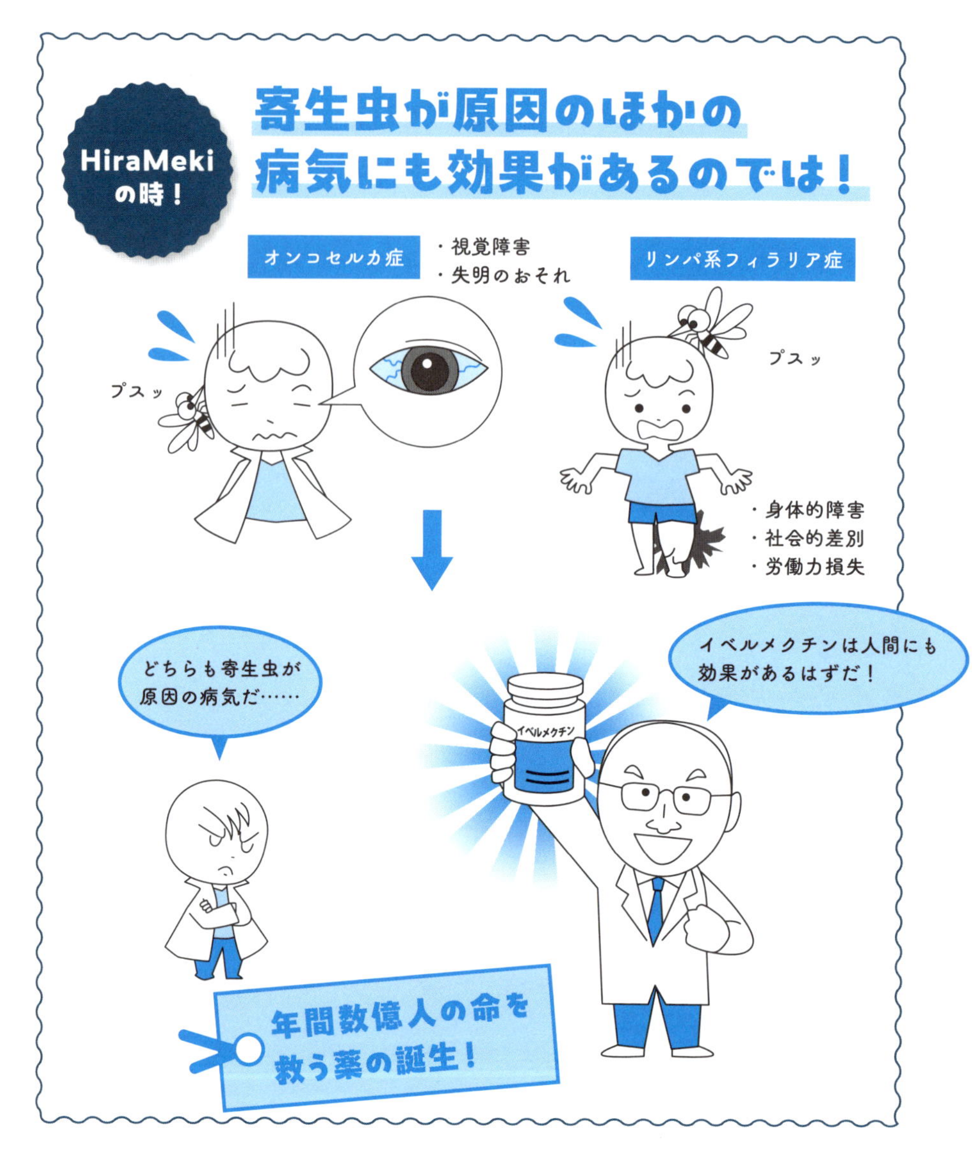

オンコセルカ症は、ブユを媒介して発症する失明の危険をともなう病気です。WHO（世界保健機関）は1974年からオンコセルカ症制圧プログラムを展開し、ブユ駆除の殺虫剤を散布しましたが十分ではありませんでした。しかし1989年イベルメクチンの配布を始めたことで、60万人の失明を防いだと発表しています。また足が象のように腫れる後遺症（象皮病）でも知られるリンパ系フィラリア症にも効果を発揮し、2000年からWHO主導で撲滅作戦が開始され、2018年には感染者数が74％減少しました。

特効薬がなかった病気のひとつに、ヒゼンダニが寄生して引き起こされる疥癬という皮膚病もあります。疥癬になると皮膚に強いかゆみを生じ、全身に赤い小さな発疹が広がるなど、さまざまな皮膚症状が生じます。疥癬は、感染者の衣服や寝具、皮膚から剥がれ落ちた角質に触れるだけでも感染します。集団で生活している場合、感染が連鎖し、撲滅するのが難しい病気でもあります。この病気にもイベルメクチンは効果がありました。イベルメクチンを一度服薬するだけで、幼虫や成虫はほぼ死滅することがわかったのです。

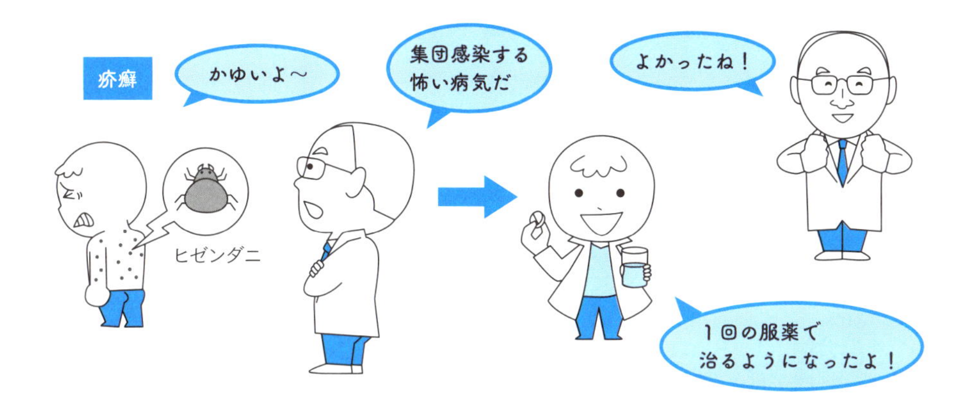

After
HiraMeki後！

オンコセルカ症とリンパ系フィラリア症の撲滅運動は続き、2019年には年間4億人あまりがイベルメクチンを投与しました。これはイベルメクチンが全世界の人々の健康や豊かな暮らしに貢献してきたことの証でもあります。大村は土壌に生息する微生物の力を信じて45年以上研究を続け、約5000種の新規天然有機化合物を発見しています。なかには抗がん剤開発のもととなる化合物や、ノーベル賞受賞者らに活用され「生命現象の解明」に多大な影響を与えた化合物も多数あります。じつに20種類以上の有機化合物が、医薬、動物薬、農薬、研究用の試薬として実用化されています。

ビジネスでHiraMeki!

若い研究者たちに「口先だけでなく、実行することが大切」「独自性をもつことが大切」と説く大村。自分を信じ、周りを信じて、突き進んでみよう！

突きつめる！　＼今回のテーマ／ 医学

ルールの隙間を突く

胃炎の原因菌の解明（1984年）

バリー・マーシャル（1951年～）

オーストラリアの微生物学者。4人兄弟の長男として生まれる。それなりに優秀な成績で高校を卒業し、西オーストラリア大学に進学。大学在学中に結婚し、つつがなく卒業。医学士・理学士・医師資格を取得する。ロイヤルパース病院の消化器科で勤務中に病理学者のウォーレンと出会い、ヘリコバクター・ピロリ菌の臨床研究に携わる。

Before HiraMeki 前！

原因不明のありふれた病

胃炎の人の胃から発見されたヘリコバクター・ピロリ菌
胃炎に関係あるのかな？
ためしに抗生物質を飲んでみてください
OK
2週間後
胃炎が治った！
これが原因!?

マーシャルが研究を始めた1980年頃、胃炎の原因は体質やストレスなどによる胃酸の過剰分泌によると考えられていました。つまり、はっきりした原因のない病気とされており、胃酸を抑える薬を使い、長期間にわたる治療が必要でした。

そんななか、胃炎で苦しむ何人もの患者の胃から同じ細菌が発見されました。この細菌はのちにヘリコバクター・ピロリ菌と名づけられます。マーシャルは、細菌の発見者であるウォーレンとともにピロリ菌の単離培養に成功。また、胃炎に苦しむ患者に協力を仰ぎ、細菌に効く抗生物質を与えたところ症状が改善したため、ピロリ菌が胃炎の原因ではないかと考え始めます。

マーシャルはピロリ菌が胃炎の原因であると証明するため、感染症の病原体を特定する指針「コッホの４原則」を使うことにしました。しかし、ラットやブタにピロリ菌を投与する動物実験では胃炎を再現できず、研究は暗礁に乗り上げます。

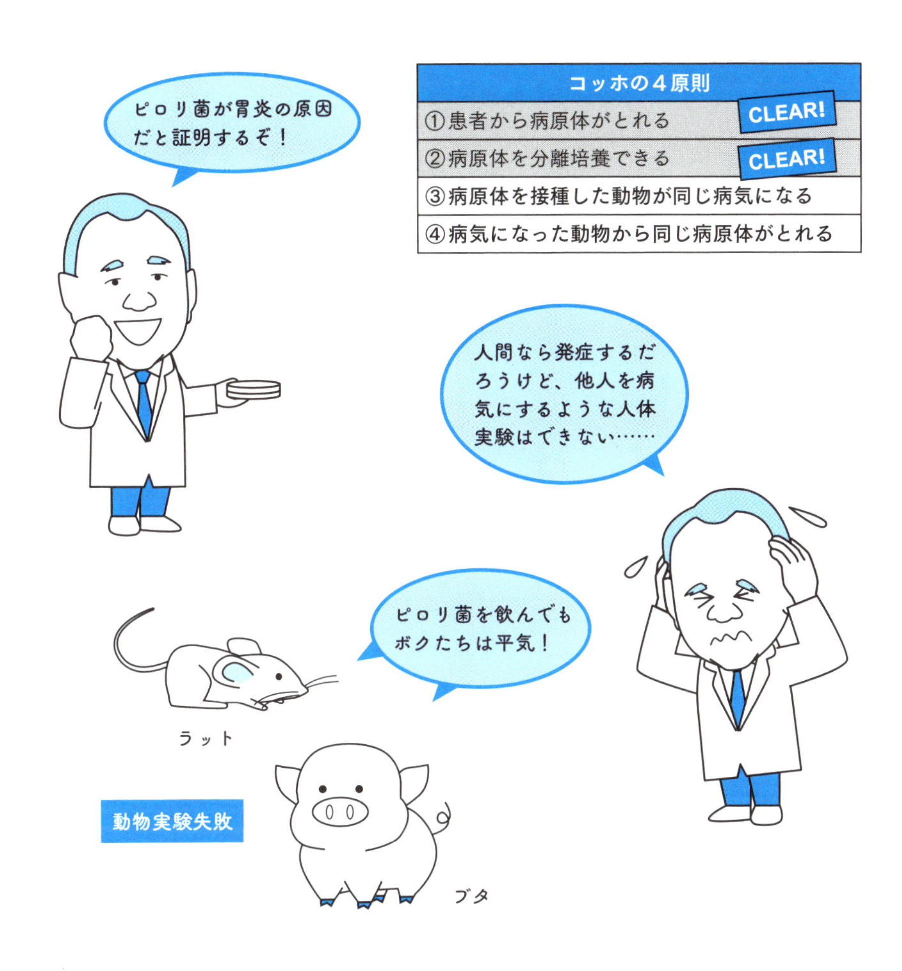

非人道的な人体実験はできない……。いや、ひとつだけ方法がある……

それなら！

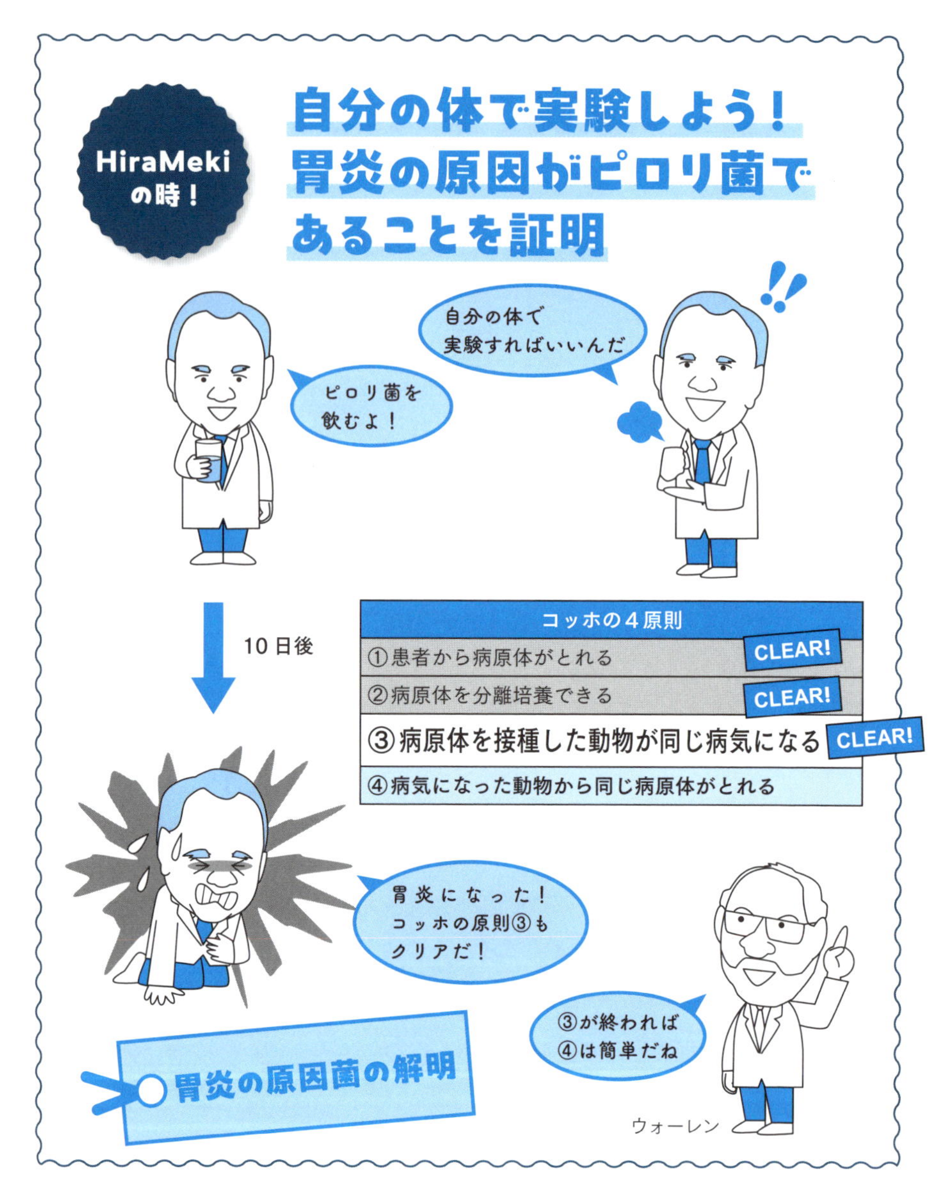

自分でピロリ菌を飲むことで、マーシャルは胃炎になることに成功しました（コッホの4原則③）。マーシャルは3回の内視鏡検査を行い、自分の胃の中にピロリ菌がいることを確認（コッホの4原則④）。ピロリ菌が胃炎の原因である決定的なデータを得ました。なお、その後マーシャルは抗生物質を飲み、無事に回復することにも成功しました。

マーシャルは胃炎の原因を解明したのち、十二指腸潰瘍の治療法の研究なども精力的に行いました。そして2005年にはピロリ菌の発見者であるウォーレンとともにノーベル生理学・医学賞を受賞しました。

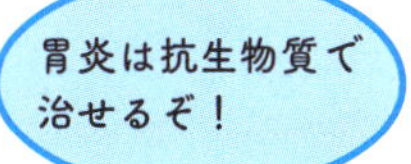

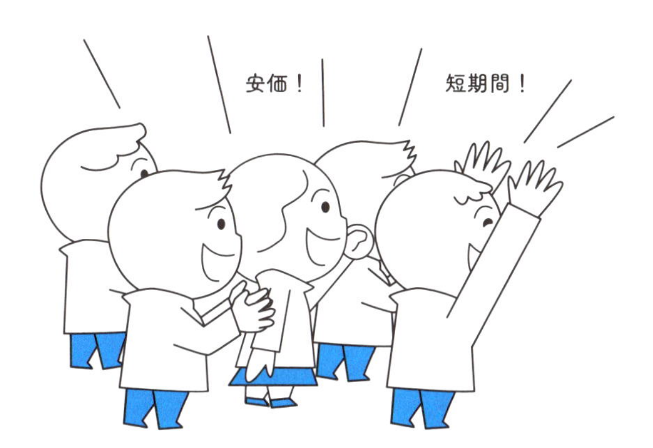

2005年ノーベル賞受賞

After HiraMeki 後！

マーシャルの成果により、胃炎は抗生物質を用いてピロリ菌を除菌することで短期間で治る病気となりました。以前に比べて患者の肉体的・経済的負担が大きく軽減されたのです。

現在、ピロリ菌は胃潰瘍・十二指腸潰瘍などに加え、胃がんとも密接に関連すると考えられています。ピロリ菌の除菌はこれらの病気の予防にもつながるとされ、人々のQOL（生活の質）向上に役立っています。

ビジネスでHiraMeki!

コッホの4原則を満たすために自分を使って人体実験を行ったマーシャル。絶対に外せない条件が何かを突きつめれば、困難を打開する道も見えてくる！

突きつめる！ ＼今回のテーマ／ 系統分類学

外見に惑わされず本質をつかむ

3ドメイン説の提唱（1990年）

カール・リチャード・ウーズ（1928～2012年）

アメリカの微生物学者。ニューヨーク州生まれ。大恐慌と第二次世界大戦のなか育つ。幼少期より科学に強い興味をもつが、生物学には関心がなかった。アマースト大学で物理学の学士号を取得。恩師のすすめに従い、大学院はエール大に進学し生物物理学の博士号を取得。rRNAを用いた系統分類で当時困難だった細菌の分類に成功しただけでなく、古細菌という新しい生物群を発見して「ドメイン説」を提唱した。

Before HiraMeki前！

何か小さくてたくさんいるやつ

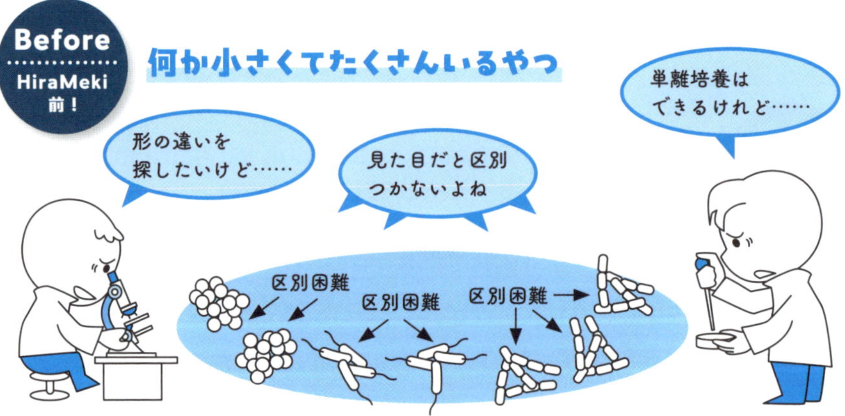

有史以来、生物は形の違いに基づいて分類されてきました。観察方法は肉眼から顕微鏡へと大きく発展しました。しかし、形による分類では小さくて似た形のものが多い原核生物（細菌）や単細胞生物などの分類は困難です。20世紀に入り、細菌の単離や培養が可能になりましたが、分類方法の進展はほとんどなく、細菌の系統分類は進まないままでした。

1960年代に入り、塩基配列から系統分類を行う方法が確立されました。ウーズはあらゆる生物が保持しているrRNAを使う手法にいち早く目をつけました。この方法なら、細菌の外見が似ていても違いを見分けて分類することができます。生物の形に興味のないウーズならではの視点です。

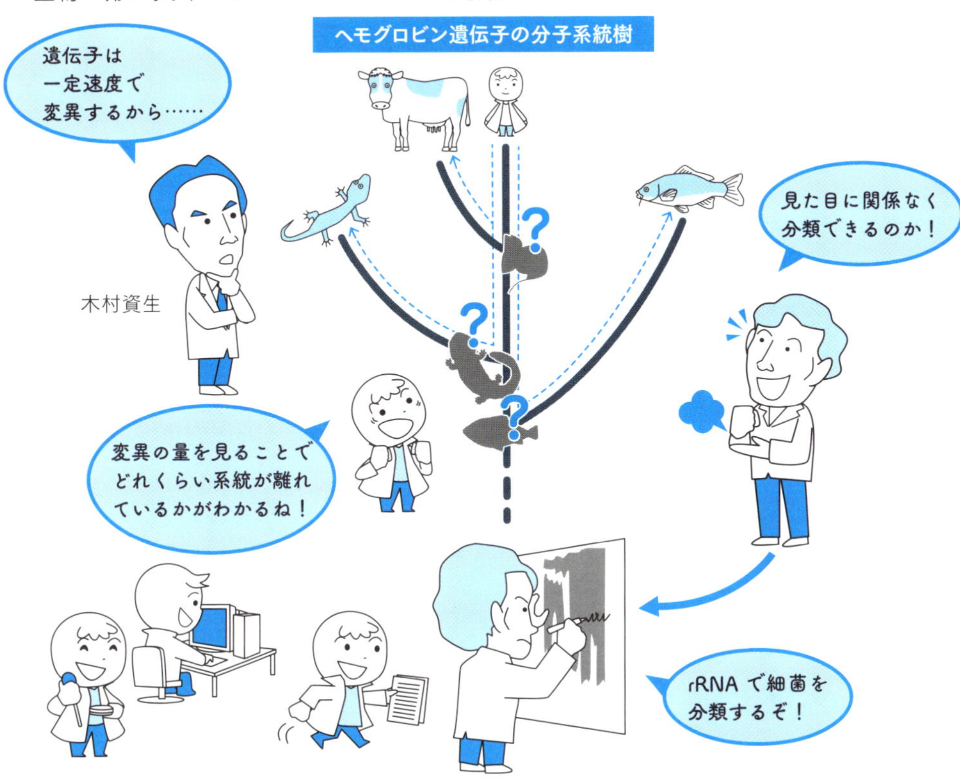

細菌の分類にあたって、ウーズ自身はあまり実験をせずに結果の解析に徹し、実作業は大学院生が行いました。ウーズが分析を始めた1968年はベトナム戦争でも被害の大きかったテト攻勢の直後で、徴兵猶予のために大学院進学を決めた学生もいました。当時の実験室は病原菌や爆発物であふれた危険極まりない場所でしたが、ウーズの研究室は活気があったといいます。

見た目で区別できないなら rRNAだ……

それなら！

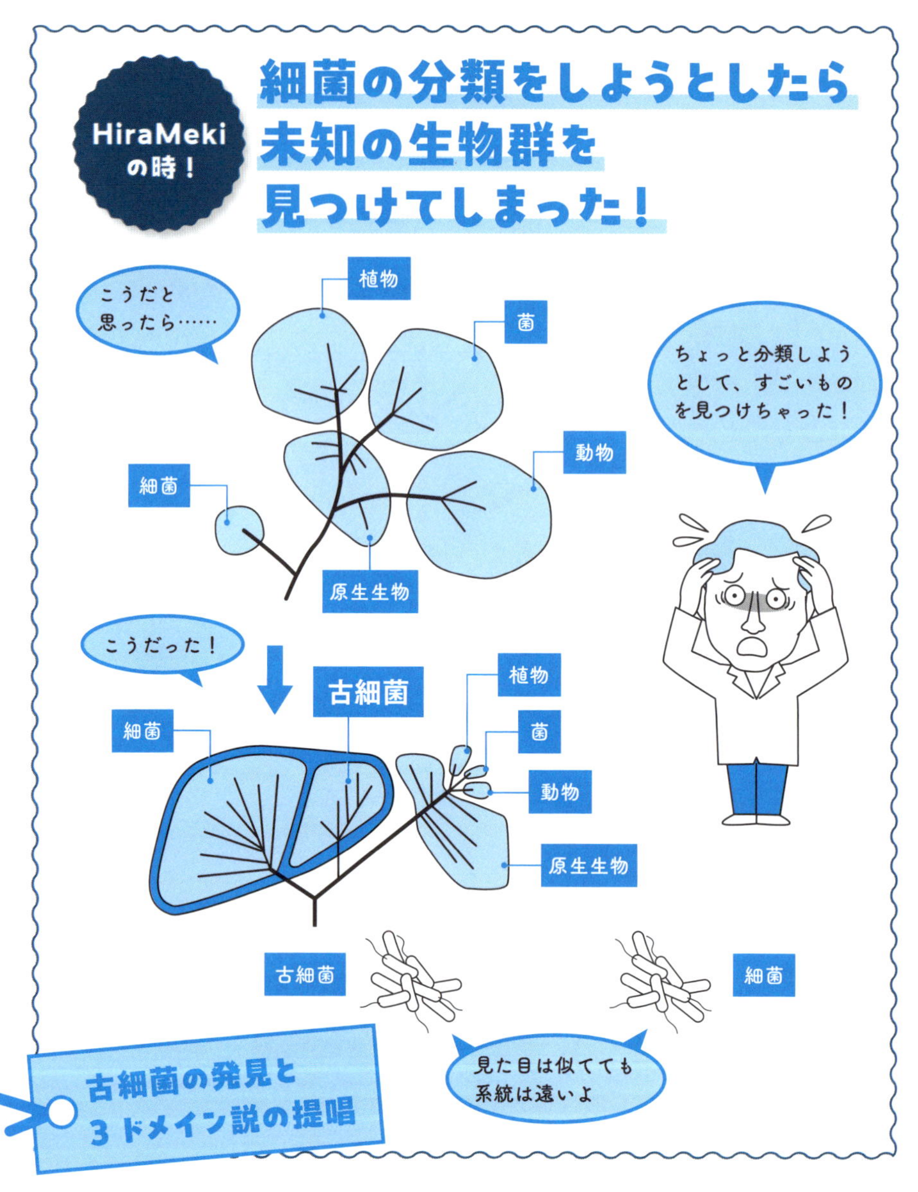

ウーズは約60種類の細菌のrRNAデータを収集し、これを比較して系統分類を試みました。「細菌」という小さなグループ内での系統関係について発表するつもりでした。しかし、細菌は予想以上に多様で、細菌だけで動物界や植物界よりずっと大きなグループを形成できるほどでした。しかも、ほかの細菌とまったく異なる遺伝子配列をもつグループまで発見してしまいます。ウーズはこれを細菌よりも原始的な生物群だと予測し、「古細菌」と名づけます。

新たな生物群の発見というセンセーショナルな話題に、マスコミは盛り上がりました。しかし当時の常識からかけはなれた内容だったため、科学界の反応は冷ややかでした。

ウーズはその後も着実に論文を発表し続けました。また、rRNA 調査による系統分類が徐々に一般化し、ほかの生物の配列も解明されていったことで、ウーズの研究は再評価され、海外の学会でも華やかに迎えられるようになりました。

After HiraMeki後！

ウーズはさらに研究を続けるなかで、古細菌は真核生物に近い、細菌よりも進化の進んだ新しい生物だということを発見します。のちのちまで、ウーズは自身のつけた「古細菌」という名前に苦しめられました。現在もこの分類群は「古くないのに古細菌」として学生たちを混乱させています。

ウーズは職人気質で、自分自身に注目が集まることを嫌いました。いっぽうで、自身の研究が初学者向けの教科書に書かれたことを何より喜んでいたといいます。

ビジネスで HiraMeki!

生物に興味がなかったからこそ、形にとらわれず最新技術を用いて大きな発見に結びつけたウーズ。何を取り入れるかではなく、何を捨てるかを考えることも成功への一歩となる！

突きつめる！　＼今回のテーマ／ 生物学

マニュアルを整備し新技術で疑念を払う

ネアンデルタール人のゲノム配列解読（2010年）

スバンテ・ペーボ（1955年〜）

スウェーデンの遺伝学者。エストニアから戦争難民として逃れてきた母と、スウェーデン人の父の間に婚外子として生まれた。両親とも生化学者で、父は1982年にノーベル生理学・医学賞を受賞している。スウェーデンのウプサラ大学で博士号を取得。スイスやアメリカの大学で遺伝学を用いた古生物の研究を行い、1997年にマックス・プランク進化人類学研究所の初代所長に就任した。

Before HiraMeki前！

化石からDNAを調べるのは難しい！

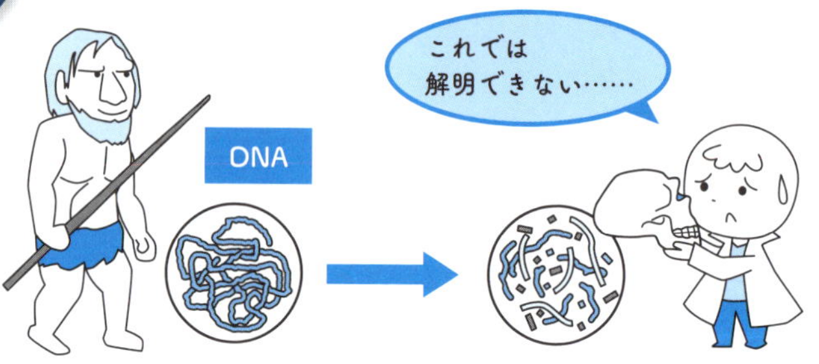

ネアンデルタール人

人類の進化に関する研究は、1859年にチャールズ・ダーウィン（P28）が発表した『種の起源』以降、さまざまなアプローチで進められてきました。しかし基本的には発掘された化石の大きさや形など、その特徴から得られる情報に頼るものでした。1980年代以降、ゲノム解析が生物学における新しい手法となりましたが、古代骨のゲノム解析は不可能だと考えられていました。土中の微生物などの混入、そして長時間経過による試料の劣化でDNAが断片化していることが原因でした。

その後、少ない試料からもゲノム解析ができるPCR法の開発により、化石のDNA解析も進められるようになりました。しかし今度は、本当にそれは古代人のDNAなのか？　発掘者や保管している学芸員、解析した研究者など、かかわる現生人類のDNA混入ではないか？　という疑念が常につきまとうようになりました。

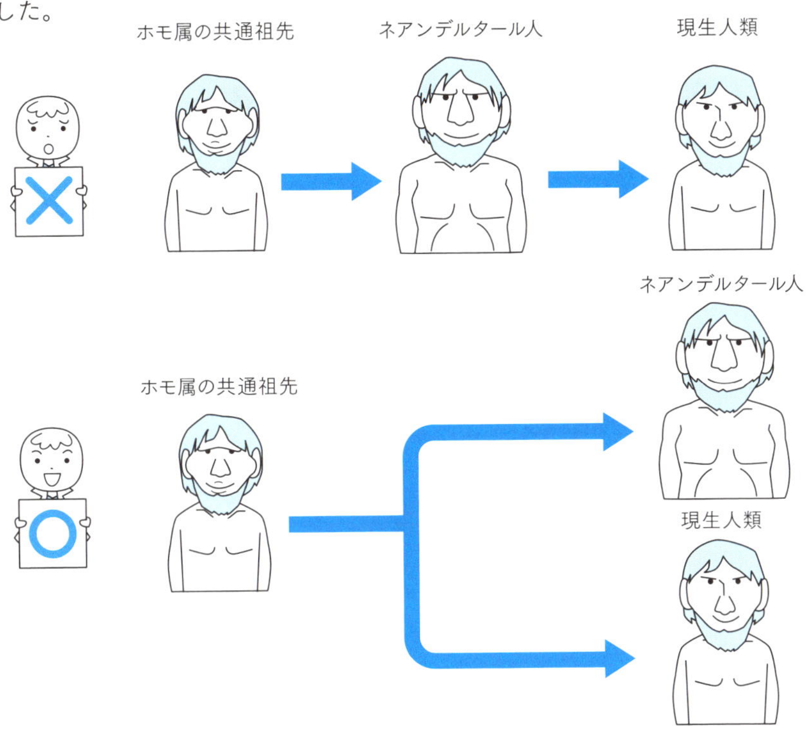

そこでペーボはクリーンルームの使用や、同じ試料を複数チームで解析するなど、汚染を防ぐ実験方法をマニュアル化します。そして1997年にネアンデルタール人のミトコンドリアDNAの全遺伝情報の解明に成功。その結果、ネアンデルタール人は現生人類の直系の祖先ではないことが明らかになったのです。

ネアンデルタール人と今の人類は全然関係ないのか……

それなら！

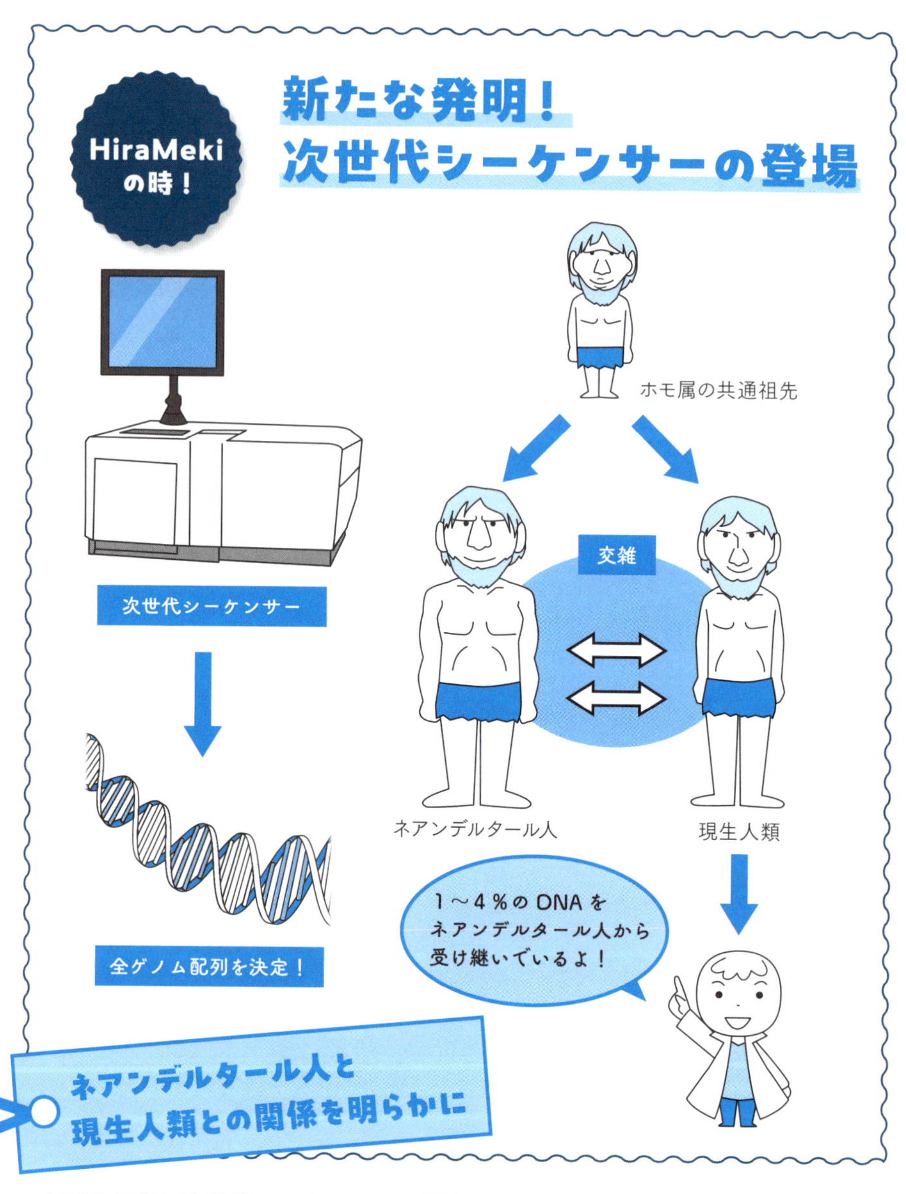

2000年代に次世代シーケンサーが開発されると、ペーボはいち早く研究に取り入れます。これは、細かくちぎれた大量の古代DNAを一度に素早く解析し、コンピューターがその情報をつなぎ合わせていく装置です。これによって古代の化石から得られる少量でバラバラのサンプルも、解析に使えるようになりました。こうしてペーボはネアンデルタール人の全ゲノム配列の決定に成功したのです。

次に、現生人類と比較したところ、ヨーロッパやアジアの人々がもつDNAの1～4%が、ネアンデルタール人由来だとわかりました。つまり、わたしたちの祖先はネアンデルタール人と交雑していて、そのDNAの一部が現生人類に残っていたのです。続いてペーボは、2008年にシベリアのデニソワ洞窟から出土した小さな骨片を解析しました。そして同様に現生人類と比較したところ、メラネシアや東南アジアの人々の4～6%のDNAが、このデニソワ人から受け継がれていたことがわかったのです。このように、ゲノム解析を用いて古生物を研究する「古代ゲノム学」を確立させたことにより、ペーボはノーベル賞を受賞しました。

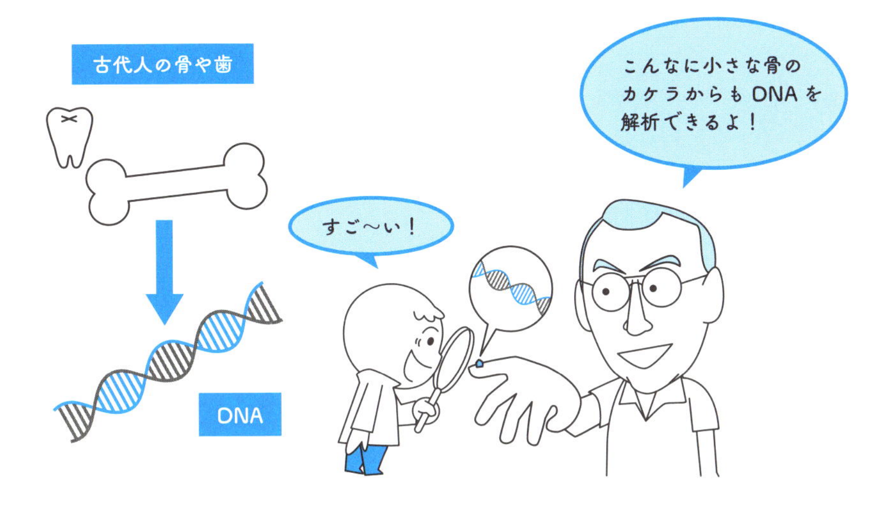

After HiraMeki後！

こうして部分的にしかわからなかった人類進化と移動の歴史が、パズルのピースのように埋まってきています。また2020年、ペーボは世界中で猛威を振るっていたCOVID-19に対し、現生人類のネアンデルタール人由来のDNAに、重症化や薬が効きにくいといった高リスクな部分があると明らかにしました。古代ゲノム学によって、現生人類をより深く理解するための研究が今後も進められていきます。

ビジネスでHiraMeki!

ブレない結果を出すためには、念入りな準備や慎重な行動だけではなく、よく練られたマニュアルも大事。それは自分に役立つだけではなく、多くの人が使える財産にもなる！

\掲載生物学者で追う/ 生物学全史

アリストテレスに始まる生物学

生物学の起源は、紀元前4世紀のアリストテレスにさかのぼります。彼は多数の動物をくまなく観察し、生物の分類や発生、さらには進化論にまで言及しました。しかし、その後、ローマ帝国崩壊（分裂）後の政治的混乱や宗教的な世界観の支配が色濃く反映された紀元前3～15世紀は、科学が暗黒期を迎えた時代でした（P226からの「生物学史の偉人」年表をご覧いただければ、15世紀までほとんど生物学者が紹介されていないことがわかるでしょう）。それがルネサンスの隆盛とともに、再び科学は息を吹き返します。

科学技術の発展と生物学

18世紀から19世紀にかけて、産業革命を背景に科学技術が社会に大きな変革をもたらしました。生物学も基礎医学につながる生理学や発生学が進みます。フックや**レーウェンフック**（P108）が開発した顕微鏡による観察も始まりました。この頃から、観察を主体とした研究から、科学的な実験を通じて知見を積み上げる手法が浸透していきました。ですから、「汚れたシャツと麦からネズミが生まれる」**ヘルモント**（P20）の実験は、現代のわたしたちの感覚では大変お粗末に思えますが、こういった実験手法は当時としては無理もなかったのかもしれません。いっぽうで、**レディ**（P54）の行った実験は今でも違和感がなく、当時とし

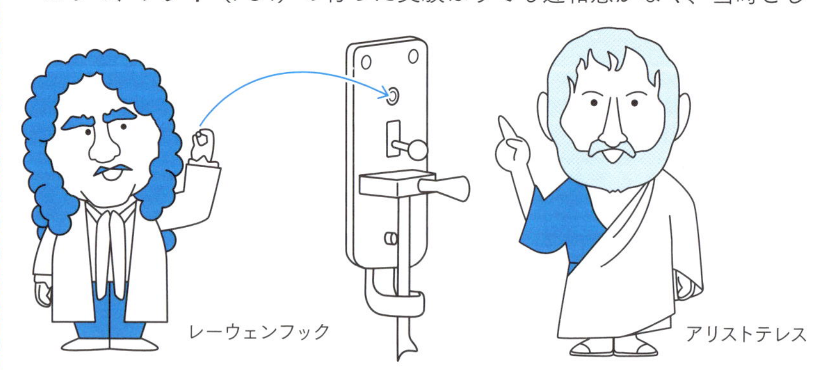

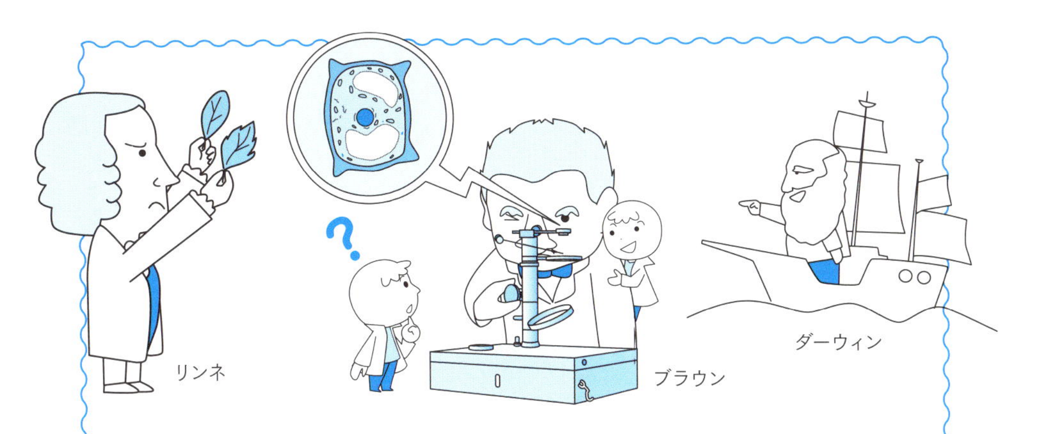

ては画期的だったといえるでしょう。**パスツール**（P66）も科学実験を行った代表格です。本書の「生物学史の偉人」年表の19世紀以降を見ると、ほとんどの生物学者が科学的実験により成果を挙げていることがわかります。

ちなみに、この時代に活躍した**ラマルク**（P116）は、「生物学」という言葉を初めて使った学者といわれています。萌芽はアリストテレスからあったとはいえ、生物学は19世紀から始まった学問ともいえるわけです。

生物学の細分化

19世紀から20世紀にかけては、生物学からさらに細分化した学問が花開いた時代でした。博物学から生物の系統分類学の門を開いた**リンネ**（P58）から、**キュビエ**（P24）、ラマルクを経て、進化論が議論されるようになっていきます。**ダーウィン**（P28）により進化論が完成されると、進化論はさらに**メンデル**（P166）から始まる遺伝学と結びついていきます。

顕微鏡の発達とともに、生物を構成する最小単位「細胞」への観察も進みます。**シュライデン**（P162）とシュワンによって、動物や植物が細胞で構成されていることが明らかになりました。さらに、**ブラウン**（P120）によって細胞内に核という構造があることが見出され、**サットン**（P74）による染色体説を経て、核内の染色体上の遺伝子がメンデルの法則に従って次世代に遺伝していくことが示されます。染色体の主要な成分であるDNAに注目が集まる基盤が整えられていきます。

医学も顕微鏡や実験手法の発達により、微生物学、免疫学を中心に

画期的な発見が続きます。**ジェンナー**（P112）による種痘法を皮切りに、**コッホ**（P170）や**北里柴三郎**（P70）による細菌の単離、**フレミング**（P128）による抗生物質の発見などが続きます。

いっぽうで、科学の進歩とともに、人類は2度の世界大戦を起こしました。人類は戦争に勝つために生物学も活用し、生物兵器を開発し人体実験も行いました。**ラッシャー**（P186）も医学の誤った使い方をしてしまったひとりといえます。

分子生物学の黄金期

20世紀になると、遺伝情報物質DNAを駆使した分子生物学の時代が訪れます。**グリフィス**（P182）の実験に刺激を受けた**エイブリー**（P82）や、さらに実験を精錬させた**ハーシー**と**チェイス**（P36）らの実験により、DNAが遺伝子の本体であることが明らかにされ、**シャルガフ**（P132）、**ワトソン**と**クリック**（P136）らによってDNAの構造が明らかになると、メンデルの遺伝学やダーウィンの進化論を統合した分子生物学の黄金時代を迎えます。

遺伝子がDNAで構成されていることがわかると、**ジャコブ**と**モノー**（P140）のオペロン説のように、生物学は遺伝子レベルでさまざまな生命現象を説明できるようになります。**利根川進**（P102）は、遺伝子を解析して免疫の要である抗体の多様性を解明しました。系統分類学も分子生物学と融合し、分子系統学や分子遺伝学が発展していきます。**木村資生**（P98）の中立説は、その代表例といえます。**ウーズ**（P214）もあらゆる生物の遺伝情報を解析して3ドメイン説を提唱し、系統分類学に新しい「古細菌」というグループを見出しました。

また、発生学も分子生物学と結びつき、新たな時代を切り開きます。アリストテレス以降、延々と議論がなされた「生物は親なしで発生するのか否か」といった自然発生に関する論争は、17世紀に前述のヘルモントやレディを経て、19世紀にパスツールの実験によって否定されますが、そこから生物は親からの細胞（配偶子）からいかに成長して個体を形成するかを観察する発生学が発展していきます。

進む再生医療の研究

20世紀には、**シュペーマン**（P178）や**浅島誠**（P148）により、組織や器官の分化誘導のしくみが明らかになります。当時、細胞や組織の分化は後戻りできない不可逆なものであることが知られていましたが、**ガードン**（P198）は分化を終えた体細胞が再び分化能力を取り戻し、個体を形成し直せることを示しました。ガードンは両生類で実験を成功させましたが、その後、**ウィルムット**と**キャンベル**（P152）は、さらに困難とされる哺乳類で成功しました。彼らの実験は、母親の卵細胞の特殊な能力を借りることで成功していました。しかしその後、**山中伸弥**（P156）が体細胞に直接遺伝子を入れることで、簡単に未分化状態に戻せることを証明し、iPS細胞が誕生しました。このように、発生学は分子生物学と融合し、21世紀に再生医療の研究へと発展しています。

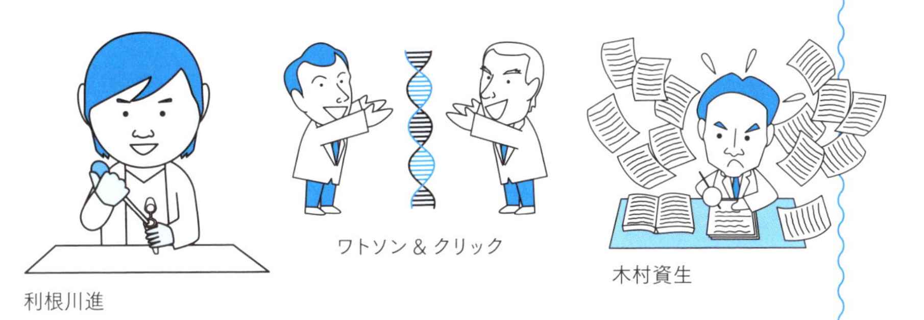

「生物学史の偉人」年表／古代・近世・近代

★印は発見の年

アリストテレス《自然発生説》
（B.C.384 ～ B.C.322 年）▶ **P222**

パラケルスス《医化学・毒性学の父》★
（1493 ～ 1541 年）▶ **P16**

パラケルスス

リンネ

パスツール

B.C.350　**B.C.300**　**1450**　**1500**　**1550**　**1600**

B・C・334年
アレキサンドロス大王が東方遠征を開始

1453年
ビザンツ帝国滅亡

1603年
徳川家康が江戸に幕府を開く

ヘルモント《柳の実験／ガスの命名》
(1579 ～ 1644 年) ▶ **P20**

レディ《レディの実験》
(1626 ～ 1697 年) ▶ **P54**

レーウェンフック《微生物の観察》
(1632 ～ 1723 年) ▶ **P108**

リンネ《分類階級と二名式命名法の確立》
(1707 ～ 1778 年) ▶ **P58**

インゲンホウス《光合成の発見》
(1730 ～ 1799 年) ▶ **P62**

ジェンナー《種痘法の開発》
(1749 ～ 1823 年) ▶ **P112**

ラマルク《進化の思想を体系化》
(1744 ～ 1829 年) ▶ **P116**

キュビエ《古生物の復元と発見》
(1769 ～ 1832 年) ▶ **P24**

ブラウン《核の発見》
(1773 ～ 1858 年) ▶ **P120**

シュライデン《植物の細胞説》
(1804 ～ 1881 年) ▶ **P162**

ダーウィン《進化論の提唱》
(1809 ～ 1882 年) ▶ **P28**

パスツール《白鳥の首フラスコ実験》
(1822 ～ 1895 年) ▶ **P66**

1650 **1700** **1750** **1800** **1850** **1900**

1776年 アメリカ独立宣言

1789年 フランス革命

1867年 大政奉還

「生物学史の偉人」年表／近代・現代

★印は発見の年

パブロフ

フレミング

ビードル 《一遺伝子一酵素説の提唱》
（1903 ～ 1989 年） ▶ **P78**

コッホ

1800　**1850**　**1900**

1867年　大政奉還

メンデル《メンデルの法則》
（1822 ～ 1884 年）▶ **P166**

コッホ《炭疽菌の発見》
（1843 ～ 1910 年）▶ **P170**

北里柴三郎《破傷風菌の純粋培養》
（1853 ～ 1931 年）▶ **P70**

北里柴三郎

ド・フリース《突然変異論の提唱》
（1848 ～ 1935 年）▶ **P174**

パブロフ《条件反射の発見》
（1849 ～ 1936 年）▶ **P124**

サットン《染色体説の提唱》
（1877 ～ 1916 年）▶ **P74**

シュペーマン《形成体の発見》
（1869 ～ 1941 年）▶ **P178**

フレミング《世界初の抗生物質、ペニシリンの発見》
（1881 ～ 1955 年）▶ **P128**

グリフィス《肺炎双球菌の形質転換》
（1879 ～ 1941 年）▶ **P182**

テータム《一遺伝子一酵素説の提唱》
（1909 ～ 1975 年）▶ **P78**

ラッシャー《非人道的人体実験》
（1909 ～ 1945 年）▶ **P186**

エイブリー《遺伝子の本体が DNA であることを解明》
（1877 ～ 1955 年）▶ **P82**

1950 **2000**

１９１４年　第一次世界大戦始まる

１９２９年　世界恐慌

１９３９年　第二次世界大戦始まる

１９５０年　朝鮮戦争始まる

１９６９年　アポロ11号月面に着陸

１９９０年　東西ドイツ統一

「生物学史の偉人」年表／現代

★印は発見の年

今西錦司

コーンバーグ

ワトソン《DNA 構造の提案》
（1928 年～）▶ **P136**

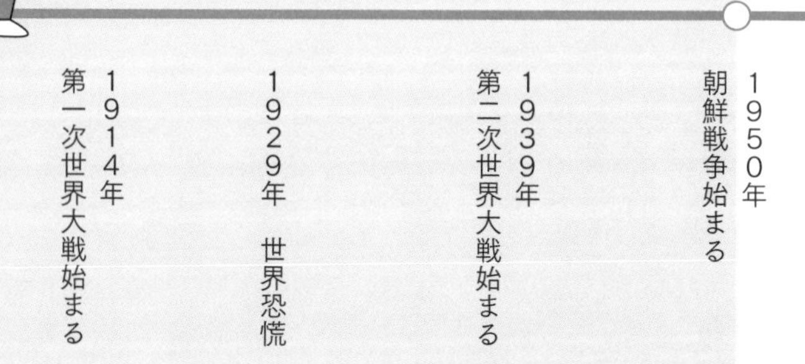

シャルガフ

1900

1950

1914年 第一次世界大戦始まる

1929年 世界恐慌

1939年 第二次世界大戦始まる

1950年 朝鮮戦争始まる

カルビン《光合成の謎を解明》
（1911 ～ 1997 年）▶ **P32**

ベンソン《光合成の謎を解明》
（1917 ～ 2015 年）▶ **P32**

今西錦司《すみわけ理論の提唱》
（1902 ～ 1992 年）▶ **P86**

シャルガフ《シャルガフの法則》
（1905 ～ 2002 年）▶ **P132**

ハーシー《DNA が遺伝物質であることを証明》
（1908 ～ 1997 年）▶ **P36**

チェイス《DNA が遺伝物質であることを証明》
（1927 ～ 2003 年）▶ **P36**

クリック《DNA 構造の提案》
（1916 ～ 2004 年）▶ **P136**

コーンバーグ《ATP 合成のしくみと DNA 人工合成の解明》
（1918 ～ 2007 年）▶ **P190**

ホイッタカー《五界説の提唱》
（1920 ～ 1980 年）▶ **P90**

2000

１９６９年　アポロ11号月面に着陸

１９９０年　東西ドイツ統一

２００１年　アメリカで同時多発テロ

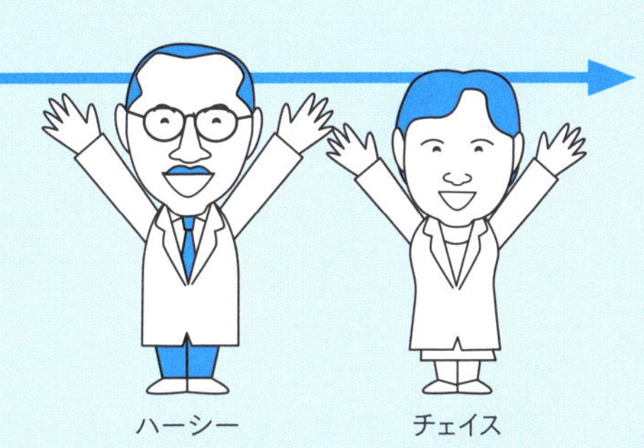

「生物学史の偉人」年表／現代

★印は発見の年

下村脩《GFP の発見》
(1928 ~ 2018 年) ▶ **P194**

ガードン《核移植でクローン作製》
(1933 年~) ▶ **P198**

ハミルトン《包括適応度の提唱》
(1936 ~ 2000 年) ▶ **P94**

岡崎恒子《岡崎フラグメントの発見》
(1933 年~) ▶ **P40**

マーギュリス《細胞内共生説の提唱》
(1938 ~ 2011 年) ▶ **P44**

利根川進《抗体の多様性の解明》
(1939 年~) ▶ **P102**

1900 **1950**

1914年 第一次世界大戦始まる

1929年 世界恐慌

1939年 第二次世界大戦始まる

1950年 朝鮮戦争始まる

木村資生

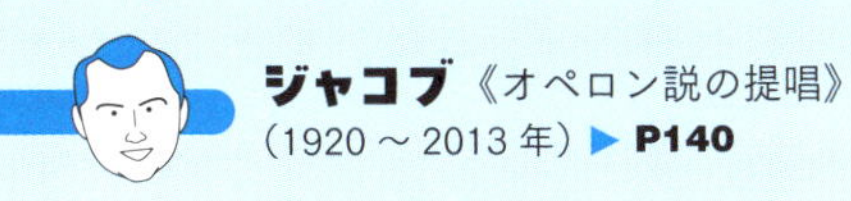

ジャコブ《オペロン説の提唱》
（1920 ～ 2013 年）▶ **P140**

モノー《オペロン説の提唱》
（1910 ～ 1976 年）▶ **P140**

岡崎令治《岡崎フラグメントの発見》
（1930 ～ 1975 年）▶ **P40**

木村資生《中立説の提唱》
（1924 ～ 1994 年）▶ **P98**

ローレンツ《動物行動学の確立》
（1903 ～ 1989 年）▶ **P202**

2000

1969年
アポロ11号月面に着陸

1990年
東西ドイツ統一

2001年
アメリカで同時多発テロ

「生物学史の偉人」年表／現代

★印は発見の年

大村智《イベルメクチン開発》
(1935 年～) ▶ **P206**

ぺーボ

マリス《PCR 法の発明》
(1944 ～ 2019 年) ▶ **P144**

マーシャル《胃炎の原因菌の解明》
(1951 年～) ▶ **P210**

浅島誠《誘導物質アクチビンの発見》
(1944 年～) ▶ **P148**

山中伸弥

ウィルムット《クローン羊ドリーの誕生》
(1944 ～ 2023 年) ▶ **P152**

キャンベル《クローン羊ドリーの誕生》
(1954 ～ 2012 年) ▶ **P152**

山中伸弥《iPS 細胞の作製》
(1962 年～) ▶ **P156**

ぺーボ《ネアンデルタール人のゲノム配列解読》
(1955 年～) ▶ **P218**

ダウドナ《CRISPR-Cas9 の開発》
(1964 年～) ▶ **P48**

シャルパンティエ《CRISPR-Cas9 の開発》
(1968 年～) ▶ **P48**

浅島誠

1900　**1950**

1914年　第一次世界大戦始まる

1929年　世界恐慌

1939年　第二次世界大戦始まる

1950年　朝鮮戦争始まる

ウーズ《3ドメイン説の提唱》
（1928～2012年）▶ P214

2000

1969年
アポロ11号月面に着陸

1990年
東西ドイツ統一

2001年
アメリカで同時多発テロ

ウーズ

地質年代における生物の歴史

先カンブリア時代

46（億年前） 40 27 20 14

- 生命誕生（原核生物）
- シアノバクテリアの出現と繁栄
- 真核生物の出現
- 多細胞生物の出現

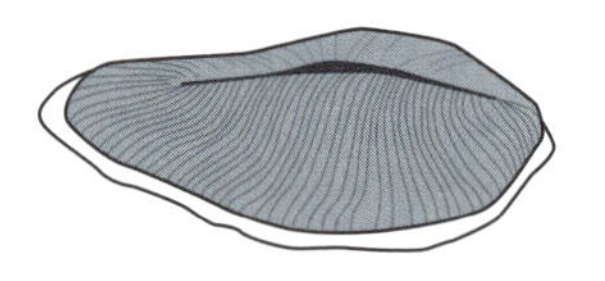

ディッキンソニア

薄い楕円形の体に、細かい筋が何本も入った生物。表と裏に差がなく、内部に消化管などの構造が存在しないなど謎が多い。大きさもさまざまである。

・**おもな動物**

・**おもな植物**

・**地球の歴史**

地球や月の誕生

強い磁気圏の形成

大酸化イベント

全球凍結

生命が誕生したのは今から約40億年前。その後、絶滅と繁栄を繰り返し、長い時間をかけて多種多様な生物が生まれました。ここで、生命誕生からホモサピエンスの出現まで、生物の進化と変遷の歴史を簡単にたどってみましょう。

	古生代
	カンブリア紀
6.5	5.39

★バージェス動物群

アノマロカリス

「奇妙なエビ」という意味の名をもつカンブリア紀最強の捕食者。全長は最大で約1m。頭部についた精巧な複眼と2本の触手を用いて狩猟を行っていた。

● 無殻無脊椎動物の出現

★ エディアカラ生物群

三葉虫

硬い殻と複眼をもつ、カンブリア紀を代表する生物。その後、約3億年を生き延びたが、ペルム紀末（P-T境界）に絶滅。形や大きさなど、時代によってさまざまな化石が発見されている。

● 有殻無脊椎動物の出現

● カンブリア大爆発

ハルキゲニア

細長い胴体に、多数の長いトゲと7対の脚が生えたカギムシの仲間。全長は1～3cm。謎多き生物で、当初は左右・前後で姿が逆だと思われていた。

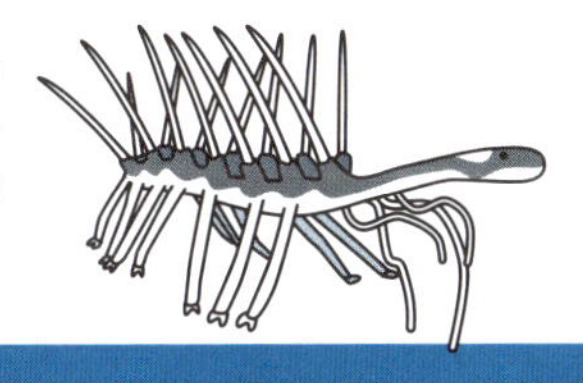

三葉虫（節足動物）

藻類・菌類

全球凍結

古生代

オルドビス紀	シルル紀
4.85	4.44

●昆虫類の出現

●無顎類の繁栄

●魚類の出現

●植物の陸上進出

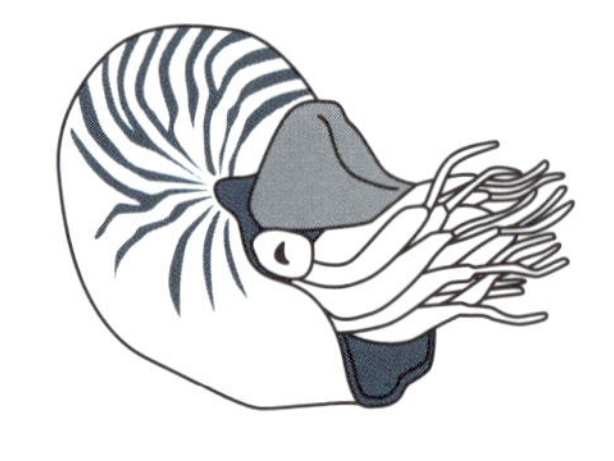

オウムガイ

炭酸カルシウムの硬い殻と、速く泳ぐ能力を身につけた、イカやタコなどと同じ頭足類。熱帯の深海で今も生き続けており、「生きた化石」と呼ばれている。

アンモナイト

オウムガイから進化し、硬い殻を巻いて丸くすることで、より素早い動きができるようになった。古生代から中生代にかけて、殻の形状が徐々に変化していったとされる。

ウミサソリ

サソリに似た姿の節足動物。泳ぎに適した大きな脚をもち、海底の死肉を食べていた。シルル紀からデボン紀にかけて多様化し、種類は 300 以上といわれている。

- **おもな動物** ウミサソリ（節足動物）・オウムガイ（軟体動物）ヘミキクラスピス（無顎類）
- **おもな植物** 藻類
- **地球の歴史** 生物大放散事変・オゾン層形成

デボン紀

4.19

- 魚類の繁栄
- 裸子植物の出現
- 両生類の出現

ダンクルオステウス

体長が4m以上もあるデボン紀の海の王者。強固に発達した顎と、前歯のような板状の骨をもつなど、捕食に適した特徴が見られる。

ティクターリク

デボン紀後期の肉鰭類。ワニによく似た、平らな形の頭部が特徴的。発達したヒレをもち、浅瀬でも泳ぐことができた。魚類が四肢動物へと進化する過渡期の生物。

板皮類・肉鰭類・両生類

シダ植物

O-S 境界大量絶滅

古生代

石炭紀

3.59

● 木生シダ植物の大森林

● 爬虫類の出現

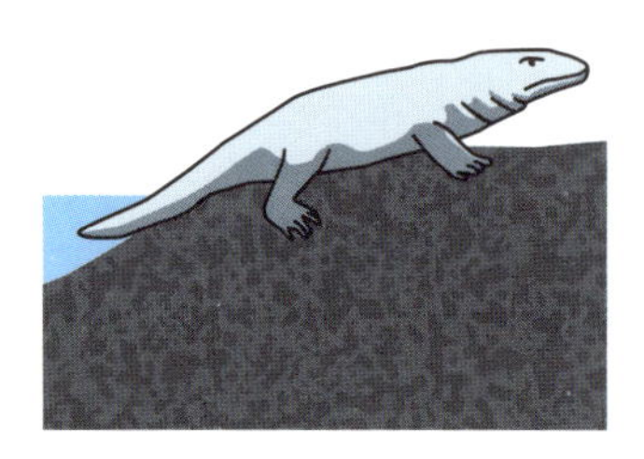

ペデルペス

最初期の両生類で、体長は 60 ～ 100cm。湿地や浅瀬に棲んでいた。四肢動物の特徴である５本指をもつことから、陸上での歩行に適していたとされる。

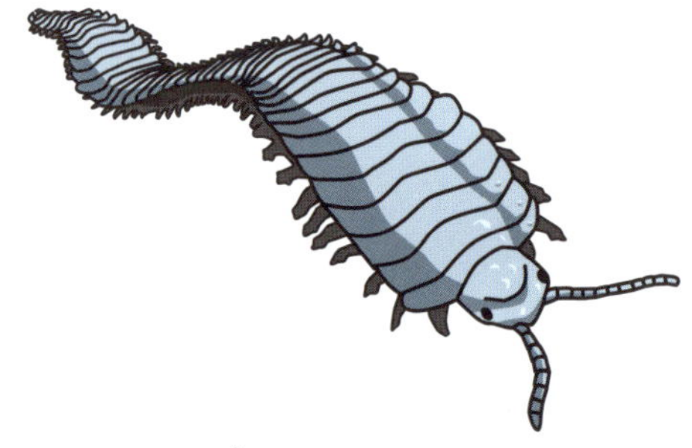

アルトロプレウラ

石炭紀の森林に生息していた、史上最大級の陸上節足動物。ムカデやヤスデに近い姿をしており、体長は２m 以上、幅が 45cm ほどといわれている。

- **おもな動物**　両生類・単弓類
- **おもな植物**　シダ植物（リンボク、フウインボク・ロボクなど）
- **地球の歴史**　F-F 境界大量絶滅

シダ種子植物の繁栄

リンボク（鱗木）

石炭紀に巨大化したシダ植物で、幹の表面が魚の鱗のように見えることが名前の由来。沼などの湿地に生え、高さは30mを超える。根も葉も先端はふたつに分かれていた。

昆虫類の繁栄

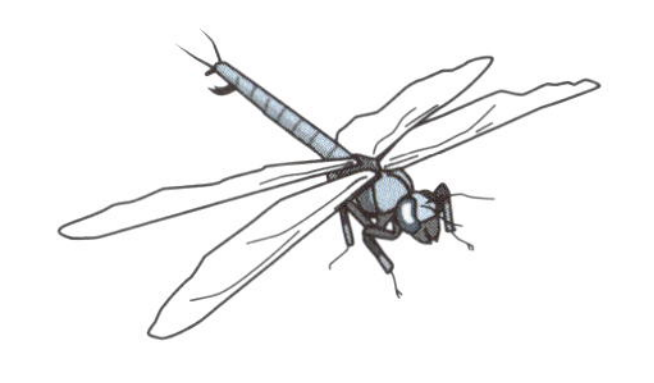

メガネウラ

石炭紀に登場した史上最大の昆虫で、ハネを広げたときの長さは60～70cm。トンボによく似た姿をしているが、トンボとは異なる生物とされている。

古生代

ペルム紀

2.99

- 両生類の繁栄
- 単弓類の出現
- 水生シダ植物の衰退

メソサウルス

ペルム紀前期に生息していた、水中生活に適応した最初の爬虫類。脚には水かきがあり、体長は約1m。川や沼に棲む淡水性で、小魚やエビを食べていたとされる。

ディメトロドン

哺乳類の先祖である単弓類。背中に帆のような大きなヒレをもつ。体長は1.7～3.5mで、ペルム紀前期における陸生生物の王者とされる肉食動物。

ペルム紀末の火山噴火

現在のシベリアで起こった火山活動が大量絶滅の要因とされる。有毒物質による太陽光の遮断で地球が寒冷化。光合成を行う生物が減少したことで、酸素量が低下したといわれる。

- **おもな動物**　単弓類・恐竜類（爬虫類）
- **おもな植物**　裸子植物
- **地球の歴史**　超大陸パンゲアの形成　P-T境界大量絶滅

	中生代	
	三畳紀	ジュラ紀
	2.52	2.01

首長竜

ジュラ紀前期〜中期にかけて栄えた海棲爬虫類。体長は２〜５ｍで、小魚やタコやイカ、アンモナイトなどを食べていた。日本では、福島県で発見されたフタバスズキリュウが有名。

- 三葉虫類・紡錘虫類ほか約 90%の生物種が絶滅
- 恐竜類の繁栄
- 原始哺乳類の出現
- 恐竜の出現

- 裸子植物の繁栄
- 鳥類の出現

始祖鳥

ジュラ紀後期に生息した、爬虫類と鳥類の中間にある生物。翼にカギ爪、顎に歯、骨がある尾などの特徴は恐竜と同じ。翼が未発達で、鳥のように強く羽ばたく力はなかったとされる。

T-J 境界大量絶滅

中生代	
白亜紀	古第三紀
1.45	0.66

● 被子植物の出現

● アンモナイトの絶滅

● 恐竜類の絶滅

● 霊長類の出現

● 被子植物の繁栄

● 哺乳類の適応放散

トリケラトプス

頭部に生えた３本の角と、頭部のうしろにあるフリルが特徴的な植物食恐竜。体長は約８m。フリルは、外敵から身を守るための盾ではないかという説がある。

ティラノサウルス

白亜紀に登場した史上最強の肉食恐竜。体長は約 11 ～ 13 m。強力な顎と鋸歯で、獲物の肉を引き裂いていた。咬合力は最大８トンと推測され、現存するどの動物よりも強い。

モササウルス

白亜紀後期の海を支配した最強の海棲爬虫類。巨大な体と強力な顎をもち、海洋生物だけでなく、翼竜や恐竜なども捕食していたとされる。化石から胎生であったことがわかっている。

- **おもな動物**　哺乳類
- **おもな植物**　被子植物
- **地球の歴史**　K-Pg 境界大量絶滅　巨大隕石の衝突

新生代

新第三紀 | 第四紀

0.23　0.026

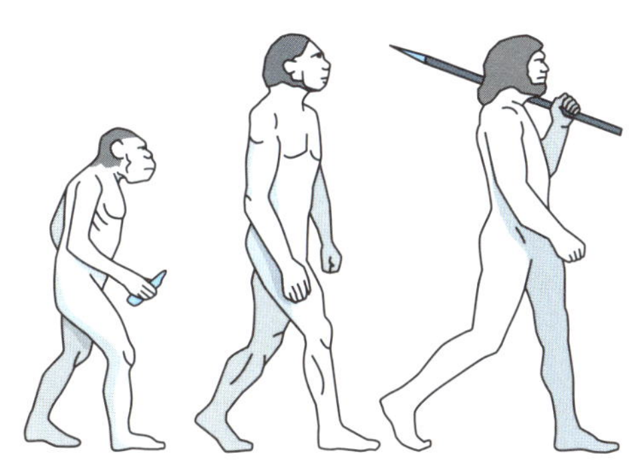

人類進化のイメージ

左から順にアウストラロピテクス、
ネアンデルタール人、ホモサピエンス。

人類の出現

マンモスの絶滅

ホモサピエンスの出現

マンモス

古第三紀に登場し、新第三紀以降に大型化した長鼻類（ゾウ）。氷河期のアメリカ大陸大交差によって各地で繁栄したが、最後は人間による狩猟が原因で絶滅した。

文明の勃興

おわりに

本書『生物学史ひらめき図鑑』は、ナツメ社の「ひらめき図鑑」シリーズの「生物学史版」として出版されたものです。

生物学にかかわる58名の科学者たちは、テーマの偏りがないように配慮しつつ、基本的に執筆者の方々に書きたい人物を選んでいただきました。さまざまなテーマの科学者たちを、各執筆者が独自の視点で取り上げています。生物学を学んだことのない人にもわかりやすいように、専門用語にはできる限りの説明を加え、シンプルなストーリーに仕上げていますし、生物学を学んだことがある人にも、きっと新しい視点に気づいてもらえるでしょう。わたしも監修のかたわら、数人の科学者を執筆させてもらいました。

当初わたしは、生物学者が生み出した概念や技術のしくみを、わかりやすく説明することに重きを置いていました。しかし、じつはそれだけではなく、そこに個々の科学者の人間性が垣間見えるおもしろさにも気づかされました。時代の変化をじょうずに読み取ったシャルガフやワトソンとクリック、死後に改めて功績が認められたメンデル、時代に翻弄され過ちを犯したラッシャー、戦後の混乱期に日本の生物学を知らしめた岡崎令治や木村資生、今西錦司……などなど。個性あふれる彼らがつむいだ物語のエッセンスを掬い上げ、4ページに凝縮するのは大変な作業でしたが、最後は執筆者全員が満足する内容に仕上げることができました。

科学史に名を刻んだ人たちの物語は、わたしたちに問いを投げかけます。何が彼らをそこまで駆り立てたのか。名誉のためか、愛国心なのか、それともただ純粋に知りたいという衝動か。彼らの生き様を知ることは、わたしたち自身が「どう生きるのか」を考える契機にもなるでしょう。

最後に、わたしに本企画を提案くださったナツメ出版企画の柳沢さん、現場で編集を束ねた田口さん、たび重なる図やテキスト変更を嫌な顔ひとつせず受け入れてくださった編集の今崎さん、小川さん、そして、表情豊かで生き生きとした科学者を描いてくださったイラストレーターの矢戸さん、デザイナーの太宰さんら各位に心より御礼申し上げます。また、今回お願いした執筆者はわたしがかつて勤務していた日本科学未来館の同僚や大学の同期であり、「科学をいかにして伝えるか」を何年もかけて考えてきた方々です。気心の知れた人たちに囲まれながらとても楽しくやらせてもらいました。心より御礼申し上げます。

本当の意味で、全員でつくり上げた１冊だと思います。この本を、監修者として、いち生物学ファンとして、自信をもって世に送り出せたことに改めて感謝いたします。

監修・執筆 **水野 壮**

人名索引

※太字はHiraMekiで紹介した人物とページ。

[あ行]

[か行]

[さ行]

[た行]

[な行]

用語索引

主要参考文献・主要参考 Webページ

書籍等（刊行年順）

- Jan Baptist van Helmont『Ortus Medicinæ』（Louis Elzevier、1652 年）
- 真船和夫『生命をさぐった人々』（さ・え・ら書房、1965 年）
- Francesco Redi『Esperienze intorno alla generazione degl'insetti』（1668 年）
- Louis Pasteur『Sur les corpuscules organisés qui existent dans l'atmosphère』（Société chimique de Paris、1861 年）
- A. サトクリッフ, A.P.D. サトクリッフ著、市場泰男訳『エピソード科学史III』（社会思想社、1972 年）
- 今西錦司『生物の世界』（講談社、1972 年）
- ジャック・モノー著、渡辺格・村上光彦訳『偶然と必然―現代生物学の思想的問いかけ』（みすず書房、1972 年）
- 山田真弓ほか『大学生物学　進化系統学』（裳華房、1981 年）
- 竹内均監修『Newton Collection 科学の先駆者たち』（教育社、1985 年）
- 筑波常治『生命科学史』（放送大学教育振興会、1985 年）
- 八杉龍一『歴史をたどる生物学』（東京教学社、1985 年）
- 雑誌『モルフォロギア ゲーテと自然科学 第 7 号』（ナカニシヤ出版、1985 年）
- デーヴィッド・アボット編、伊東俊太郎監訳『世界科学者事典 1』（原書房、1985 年）
- デーヴィッド・アボット編、竹内敬人監訳『世界科学者事典 2 化学者』（原書房、1986 年）
- 今西錦司『生物社会の論理：復刻版』（思索社、1988 年）
- フランソワ・ジャコブ著、辻由美訳『内なる肖像：- 生物学者のオデュッセイア』（みすず書房、1989 年）
- 筑波常治『生命科学史 1 生物研究の文化史』（NHK 出版、1989 年）
- 竹内均監修『Newton Collection II 科学の先駆者たち 2』（ニュートンプレス、1992 年）
- 立花隆、利根川進『精神と物質 分子生物学はどこまで生命の謎を解けるか』（文藝春秋、1993 年）
- 八杉龍一ほか編『岩波生物学辞典 第 4 版』（岩波書店、1996 年）
- 今西錦司『イワナとヤマメ：渓魚の生態と釣り』（平凡社、1996 年）
- 科学者人名事典編集委員会編『科学者人名事典』（丸善、1997 年）
- コンラート・ローレンツ著、日高敏隆訳『ソロモンの指輪 動物行動学入門』（早川書房、1998 年）
- ポール・ラビノウ著、渡辺政隆訳『PCR の誕生：バイオテクノロジーのエスノグラフィー』（みすず書房、1998 年）
- パトリック・トール著、平山廉監修、南條郁子・藤丘樹実訳『ダーウィン―進化の海を旅する』（創元社、2001 年）
- 中村禎里『新訂 生物学の歴史』（放送大学教育振興会、2001 年）
- 廣野喜幸『生命科学の近現代史』（勁草書房、2002 年）
- 雑誌『科学 73 巻 12 号（通号 856）』（岩波書店、2003 年）
- デヴィッド・W・ウォルフ『地中生命の驚異：秘められた自然史』（青土社、2003 年）
- ジョージ・ビードル著、中村千春訳『非凡な農民』（コールド・スプリング・ハーバー研究所、2003 年）
- 木下圭、浅島誠『新しい発生生物学 生命の神秘が集約された「発生」の驚異』（講談社、2003 年）
- キャリー・マリス著、福岡伸一訳『マリス博士の奇想天外な人生』（早川書房、2004 年）
- Bruce Alberts『細胞の分子生物学第 4 版』（ニュートンプレス、2004 年）
- ピエール・ダルモン著、寺田光徳・田川光照訳『人と細菌 17-20 世紀』（藤原書店、2005 年）
- 雑誌『生物科学 第 57 巻第 3 号』（農山漁村文化協会、2006 年）
- W・ラフルーアほか編集、中村圭志ほか訳『悪夢の医療史 ― 人体実験・軍事技術・先端生命科学』（勁草書房、2008）
- ホーマー著、土井晩翠訳『イーリアス』（青空文庫、2010 年）
- 下村脩『クラゲに学ぶ　ノーベル賞への道』（長崎文献社、2010 年）

- 石田勇治・武内進一編『ジェノサイドと現代世界』(勉誠出版、2011年)
- 八代嘉美『増補 iPS細胞　世紀の発見が医療を変える』(平凡社、2011年)
- ジェームス・D・ワトソン著、江上不二夫・中村桂子訳
『二重らせん　DNAの構造を発見した科学者の記録』(講談社、2012年)
- 馬場錬成『大村智 2億人を病魔から守った化学者』(中央公論社、2012年)
- バーナード・ストーンハウス著、菊池由美訳『ダーウィンと進化論』(玉川大学出版部、2015年)
- ジョン・コーンウェル著、松宮克昌訳『ヒトラーの科学者たち』(作品社、2015年)
- ジェニファー・ダウドナ、サミュエル・スターンバーグ著、櫻井祐子訳
『クリスパー　CRISPR　究極の遺伝子編集技術の発見』(文藝春秋、2017年)
- 山中伸弥『山中伸弥先生に、人生とiPS細胞について聞いてみた』(講談社、2017年)
- 長田敏行『メンデルの軌跡を訪ねる旅』(裳華房、2017年)
- 池内昌彦ほか監訳『キャンベル生物学 11版』(丸善出版、2018年)
- フェリシア・ロー著、本郷尚子訳『地質学者 世界をうごかした科学者たち』(ほるぷ出版、2019年)
- エドワード・ジェンナー著、水上茂樹訳『イングランドの西部の諸州とくにグルスターシャーで見つかった病気で、牛痘の名で知られているウシ天然痘の原因および効果についての研究』(青空文庫、2019年)
- トム・ジャクソン著、山野井貴浩監訳、日髙翼・菅野治虫訳
『歴史を変えた100の大発見 生物 生命の謎に迫る旅』(丸善出版、2019年)
- ポール・ストラザーン著、田村浩二訳
『クリック・ワトソン・DNA二重らせん構造発見への階梯』(一灯舎、2020年)
- デイヴィッド・クォメン著、的場知之訳
『生命の〈系統樹〉はからみあう　ゲノムに刻まれたまったく新しい進化史』(作品社、2020年)
- 中村千春『メンデル解題：遺伝学の扉を拓いた司祭の物語』(神戸大学、2021年)
- 坂井建雄監修、楢木佑佳著
『医学の歴史ひらめき図鑑 柔軟な着想から結果を導くロジカルシンキング』(ナツメ社、2023年)
- 千葉聡『ダーウィンの呪い』(講談社、2023年)
- NHK「フランケンシュタインの誘惑」制作班
『闇に魅入られた科学者たち 人体実験は何を生んだのか』(宝島社、2023年)
- 審良静男、黒崎知博、村上正晃『新しい免疫入門 第2版 免疫の基本的なしくみ』(講談社、2024年)

論文（発表年順）

- Robert Koch (1876). Die Ätiologie der Milzbrand-Krankheit, begründet auf die Entwicklungsgeschichte des Bacillus anthracis. *Beiträge zur Biologie der Pflanzen*, 2(2), 277-310.
- A.A.W. Hubrecht (1901). Hugo de Vries' Mutatie-theorie. *De Gids*, Jaargang 65, 492.
- Hugo de Vries (1902). Theorie en ervaring op het gebied der afstammingsleer.
- Alexander Fleming (1922). On a remarkable bacteriolytic element found in tissues and secretions. *Proceedings B*, Volume 93, Issue 653.
- Beadle G. W., & Tatum E. L. (1941). Genetic Control of Biochemical Reactions in Neurospora. *Proc Natl Acad Sci U S A*, 27(11), 499-506.
- Hayes, W. (1966). Genetic Transformation: A Retrospective Appreciation First Griffith Memorial Lecture. *Microbiology*, 45(3), 385-397.
- Downie, A. W. (1972). Pneumococcal Transformation–A Backward View Fourth Griffith Memorial Lecture. *Microbiology*, 73(1), 1-11.
- 清水大吉郎 (1980). キュビエとブロニアール. 地球科学, 34巻5号, 295-306.
- 檜木田辰彦 (1983).「細胞説」に関するSchwannの3篇の予報について.
科学史研究, 22巻145号, 35-43.

- Ohta, T. (1996). Motoo Kimura. Annual Review of Genetics, 30, 1-7.
- Martins, L. C. (1999). Did Sutton and Boveri propose the so-called Sutton-Boveri chromosome hypothesis?. *Genetics and Molecular Biology*, 22, 261-272.
- Sander, K., & Faessler, P. (2001). Introducing the Spemann-Mangold organizer: experiments and insights that generated a key concept in developmental biology. *International Journal of Developmental Biology*, 45(1; SPI), 1-12.
- Crow, E. W., & Crow, J. F. (2002). 100 years ago: Walter Sutton and the chromosome theory of heredity. *Genetics*, 160(1), 1-4.
- 市野隆雄 . (2003). 壮大なフロンティア精神の現代的意義―今西錦司の生物学 . 科学 , 73(12), 1321-1327.
- Pennazio, S. (2003). Photosynthesis: a short history of some modern experimental approaches. *Rivista di Biologia*, 96(1), 73-86.
- Grafen, A. (2004). William Donald Hamilton. 1 August 1936—7 March 2000. *Biogr. Mems Fell. R. Soc. Lond*. 50, 109-132.
- 若山照彦 (2005). 哺乳動物の体細胞クローン . *Journal of Mammalian Ova Research*, 22 巻 2 号 , 49-58.
- De Waal, F. B. (2006). 静かな侵入―今西霊長類学と科学における文化的偏見 . 生物科学 = *Biological science*/ 日本生物科学者協会 編 , 57(3), 130-141.
- Calisher, C. H. (2007). Taxonomy: what's in a name? Doesn'ta rose by any other name smell as sweet?. *Croatian medical journal*, 48(2), 268.
- Leslie A. Pray (2008). Discovery of DNA Structure and Function. *Nature Education*, 1(1), 100.
- 宮田洋 (2009). Pavlov のノーベル生理学・医学賞について . 生理心理学と精神生理学 , 27 巻 3 号 , 225-234.
- Kain, K. (2009). The birth of cloning:an interview with John Gurdon. *Disease Models & Mechanisms*, 2(1-2), 9-10.
- Steve M. Blevins (2010). Robert Koch and the 'golden age' of bacteriology. *International Journal of Infectious Diseases*, Volume 14, Issue 9, e744-e751.
- Benson, A. A. (2010). Last days in the old radiation laboratory (ORL), Berkeley, California, 1954. Photosynthesis research, 105, 209-212.
- 宮田洋 (2012).「I.P. Pavlov の生涯と研究」に関する年譜 . 生理心理学と精神生理学 .
- Colman, A. (2013). Profile of John Gurdon and Shinya Yamanaka, 2012 Nobel laureates in medicine or physiology. *Proceedings of the National Academy of Sciences, 110*(15), 5740-5741.
- 天児和暢 (2014). レーウェンフックの微生物観察記録 . 日本細菌学雑誌 , 69 巻 2 号 , 315-330.
- Méthot, P. O. (2016). Bacterial transformation and the origins of epidemics in the interwar period: the epidemiological s ignificance of Fred Griffith's "transforming experiment". *Journal of the History of Biology*, 49(2), 311-358.
- Kyle, R. A., Steensma, D. P., & Shampo, M. A. (2016). Barry James Marshall—Discovery of Helicobacter pylori as a cause of peptic ulcer. In *Mayo Clinic Proceedings* , 91(5), e67-e68.

Webページ

(日本語サイトは五十音順、
海外サイトはアルファベット順)

- 大人の科学 .net
  https://otonanokagaku.net
- オリエンタル技研工業
  https://sciencingstyle.com
- かずさ DNA 研究所
  https://www.kazusa.or.jp

- 慶応義塾大学医学部放射線科学教室
  http://rad.med.keio.ac.jp
- 国立感染症研究所
  https://www.niid.go.jp/niid/ja
- サイエンスポータル
  https://scienceportal.jst.go.jp
- 新興出版社啓林館
  https://www.shinko-keirin.co.jp
- 日本 RNA 学会
  https://www.rnaj.org
- 日本顕微鏡工学会
  https://microscope.jp
- 日本生物工学会
  https://www.sbj.or.jp
- 日本放送協会（NHK）
  https://www.nhk.or.jp
- バイオ未来キッズ
  http://biokids.jp
- American Chemical Society
  https://www.acs.org
- ANNUAL REVIEWS
  https://www.annualreviews.org
- American Physical Society
  https://www.aps.org
- biology tips
  https://biology-tips.com
- Bionieuws
  https://bionieuws.nl
- Cell Press
  https://www.cell.com
- Famous Scientists
  https://www.famousscientists.org
- INSTITUT PASTEUR
  https://www.pasteur.fr
- KVCV
  https://www.kvcv.be
- Macroevolution.net
  https://macroevolution.net
- MAYO CLINIC PROSEEDINGS
  https://www.mayoclinicproceedings.org
- Max Planck Society
  https://www.mpg.de
- National Library ob Medicine
  https://pmc.ncbi.nlm.nih.gov
- National Museum of Scotland
  https://www.nms.ac.uk
- Nature Asia
  https://www.natureasia.com/ja-jp
- Science
  https://www.science.org
- Science History Institute
  https://www.sciencehistory.org
- Stichting Hugo de Vries Fonds
  https://www.hugodevriesfonds.nl
- THE JENNER INSTITUTE
  https://www.jenner.ac.uk
- The LINNEAN SOCIETY of London
  https://www.linnean.org
- THE NOBEL PRIZE
  https://www.nobelprize.org
- THE ROYAL SOCIETY
  https://royalsociety.org
- THE UNIVERSITY of EDINBURGH
  https://www.ed.ac.uk
- WHO
  https://www.who.int

監修者　水野 壮

筑波大学大学院生命科学研究科博士後期課程修了（農学博士）。日本科学未来館で展示開発勤務の後、サイバー大学、フェリス女学院大学および日本赤十字看護大学の非常勤講師を経て、麻布大学教育推進センターの生物学講師となる。そのかたわら、NPO法人食用昆虫科学研究会を立ち上げ、副理事長として昆虫食の普及活動に努めている。主な著書として『昆虫食スタディーズ』（化学同人）、監修として『昆虫を食べる！』（洋泉社）、『アトムのサイエンス・アドベンチャー 昆虫世界の大冒険』（講談社）などがある。

編集協力：田口学、今崎智子、小川真美（株式会社アッシュ）
執筆（五十音順）：鈴木啓子（はまぎん こども宇宙科学館）、田端萌子、蓮沼一美（新渡戸文化中学校・高等学校）、福成海央（SciNeth）、水谷えり、水野壮（麻布大学）
本文デザイン：太宰知宏（株式会社アッシュ）
イラスト：矢戸優人
編集担当：柳沢裕子（ナツメ出版企画株式会社）

本書に関するお問い合わせは、書名・発行日・該当ページを明記の上、下記のいずれかの方法にてお送りください。
電話でのお問い合わせはお受けしておりません。
・ナツメ社 webサイトの問い合わせフォーム
https://www.natsume.co.jp/contact
・FAX（03-3291-1305）
・郵送（下記、ナツメ出版企画株式会社宛て）
なお、回答までに日にちをいただく場合があります。
正誤のお問い合わせ以外の書籍内容に関する解説・個別の相談は行っておりません。
あらかじめご了承ください。

生物学史ひらめき図鑑
生命の謎に挑む科学者たち 50のイノベーション

2025年5月2日　初版発行

監修者　水野 壮
発行者　田村正隆

発行所　株式会社ナツメ社
東京都千代田区神田神保町1-52　ナツメ社ビル1F（〒101-0051）
電話 03-3291-1257（代表）　FAX 03-3291-5761
振替 00130-1-58661
制　作　ナツメ出版企画株式会社
東京都千代田区神田神保町1-52　ナツメ社ビル3F（〒101-0051）
電話 03-3295-3921（代表）
印刷所　ラン印刷社

ISBN978-4-8163-7708-2
Printed in Japan
<定価はカバーに表示してあります>　<乱丁・落丁本はお取り替えします>